A. FAUCHÈRE

INSPECTEUR GÉNÉRAL HONORAIRE D'AGRICULTURE COLONIALE

LE CAFÉ

PRODUCTION — PRÉPARATION
COMMERCE

DEUXIÈME ÉDITION

Revue, complétée et mise à jour

PARIS

SOCIÉTÉ D'ÉDITIONS

GÉOGRAPHIQUES, MARITIMES ET COLONIALES

184, BOULEVARD SAINT-GERMAIN, VIᵉ

1927

LE CAFÉ

PRODUCTION -- PRÉPARATION
COMMERCE

A. FAUCHÈRE

INSPECTEUR GÉNÉRAL HONORAIRE D'AGRICULTURE COLONIALE

LE CAFÉ

PRODUCTION -- PRÉPARATION
COMMERCE

DEUXIÈME ÉDITION

Revue, complétée et mise à jour

PARIS

SOCIÉTÉ D'ÉDITIONS

GÉOGRAPHIQUES, MARITIMES ET COLONIALES

184, BOULEVARD SAINT-GERMAIN, VIe

1927

LE CAFÉ
PRODUCTION - PRÉPARATION - COMMERCE

CHAPITRE PREMIER

HISTORIQUE ET ORIGINE DU CAFÉIER

Jusqu'en 1865, on ne trouvait dans les cultures qu'une seule espèce de caféier, *Coffea arabica*, ce qui laissait supposer que l'Arabie en était le pays d'origine. L'on sait de façon certaine aujourd'hui que cette plante est africaine.

De Candolle, dans *Origine des plantes cultivées*, signale que *C. arabica* croît à l'état sauvage en Abyssinie, dans le Soudan, au Mozambique et à la Guinée. M. Lecomte, dans *Le café*, indique que le caféier d'Arabie se trouve dans toute l'Afrique tropicale d'où sont originaires toutes les principales espèces du genre *Coffea* : *C. Liberica, C. Stenophylla, C. Robusta, C. Canephora, C. Kouilouensis*, etc..

Mais, tandis que jusque vers 1905, ces dernières espèces étaient restées sans grand intérêt, *C. arabica* est cultivé depuis la plus haute antiquité en Abyssinie, d'où il aurait été introduit dans l'Yemen par les conquérants éthiopiens. Il s'est d'ailleurs naturalisé dans plusieurs régions, et il croît maintenant à l'état sub-spontané dans les forêts du Brésil et des Antilles.

L'emploi du café remonte, en Abyssinie, aux temps les plus reculés. L'usage s'en est d'abord répandu en Perse, puis en Egypte et enfin en Europe, où il a été connu, en Italie, vers l'année 1640.

En France, on commença à faire un usage suivi du café vers 1670, après le séjour de l'Ambassadeur Soliman-Aga à Paris.

Le café ne fut pas d'emblée accepté par tout le monde. Il rencontra même des adversaires convaincus. Le mot de Mme de Sévigné : « Racine passera comme le café » montre que cette grande dame n'aimait ni le grand poète ni le nouveau breuvage. Mais sa prophétie ne s'est réalisée ni pour Racine, ni pour le café dont la vogue ne fit qu'augmenter à partir de cette prédiction. Aujourd'hui l'usage du café s'est répandu dans tout l'univers. Depuis 1913, la consommation a fortement augmenté aussi bien en Norvège, en Suède, aux Etats-Unis, — pays secs — qu'en France ou en Italie, pays où le vin est resté la boisson nationale. La progression de la demande a été particulièrement marquée depuis la guerre :

Consommation du café

(Sacs de 60 kilos.)

ANNÉES du 1ᵉʳ janvier au 31 décembre	EUROPE ET ÉTATS-UNIS	AUTRES PAYS	TOTAUX
1921	18 390 000	760 000	19 150 000
1922	18 825 000	725 000	19 550 000
1923	20 015 000	985 000	21 000 000
1924	20 600 000	1 065 000	21 665 000

En Allemagne, où le blocus a développé considérablement l'usage des succédanés du café, la consommation de cette boisson semble devoir revenir rapidement au niveau d'avant guerre.

1913	2 735 000 sacs
1923	1 200 000 —
1925	1 505 000 —

La consommation mondiale atteint aujourd'hui environ 1 260 000 000 de kilogrammes de café. Le caféier se classe ainsi parmi les plantes les plus importantes de l'Agriculture tropicale.

L'aire de sa culture s'est du reste considérablement développée et cet arbuste est maintenant planté depuis l'équateur jusqu'au 28ᵉ degré de latitude Nord et Sud.

Tout d'abord limitée aux régions voisines de son pays d'origine, la culture du caféier s'est peu à peu répandue dans tous les pays de la zone intertropicale. On remarque d'ailleurs que le caféier, qui est une plante africaine, semble avoir trouvé sa patrie d'élection dans le Nouveau-Monde, et plus spécialement en Amérique du Sud.

D'après la revue *Le Café* du Havre, la production du café, dans le monde, a évolué de la façon suivante, en milliers de sacs de 60 kilogrammes.

Années	Brésil	Autres pays	Production totale	Débouchés réels du monde
1851 à 1860	2 550	2 345	4 895	4 825
1861 à 1870	2 930	3 040	5 970	5 950
1871 à 1880	3 785	3 925	7 710	7 650
1881 à 1890	5 628	4 324	9 952	10 012
1891 à 1900	7 730	4 425	12 155	11 826
1901 à 1905	12 400	3 993	16 393	16 344
1906 à 1910	14 054	3 842	17 896	»
1911 à 1925	12 789	4 367	17 139	»
Campagnes				
1916-1917	12 741	3 951	16 692	16 016
1917-1918	15 836	3 011	18 847	14 833
1918-1919	9 712	4 500	14 212	15 968
1919-1920	7 500	7 681	15 181	18 499
1920-1921	14 496	5 787	20 283	18 462
1921-1922	12 862	6 926	19 788	19 717
1922-1923	10 194	5 705	15 899	19 162
1923-1924	14 864	6 868	21 732	22 036
1924-1925	13 721	6 762	20 483	20 506
1925-1926	14 114	7 052	21 166	21 705

De ce tableau, il ressort que la production mondiale, qui était de 293 700 tonnes en 1855, est passé à 983 580 tonnes en 1903, et à 1 029 320 en 1912. A partir de cette dernière date elle est restée à peu près stationnaire jusqu'à la campagne 1920-1921, qui a utilisé 1 216 980 tonnes de café, chiffres dépassés maintenant.

D'après la *Wileman's Brazilian Review*, qui a évalué récemment la récolte du Brésil de 1926, les planteurs auraient conservé sur leurs plantations une quantité de café égale à environ 50 p. 100 du chiffre déclaré officiellement par l'Institut de Défense du Café, 2 830 000 sacs, ce qui porterait la quantité totale de café conservé à l'intérieur du Brésil à plus de 4 200 000 sacs.

Mais cette Revue signale qu'il y a lieu de souligner, également, la faiblesse des stocks dans les pays acheteurs. Ces stocks étaient fort importants avant la guerre, puisqu'on les évaluait à 6 000 000 de sacs pour l'Europe seulement. La politique de boycottage, pratiquée par les Etats-Unis, sous l'impulsion de l'« U. S. A. Coffee Roasters Association », a eu aussi pour effet de réduire encore les disponibilités du marché américain qui ne se monteraient pas à plus de 690 000 sacs.

Les gelées qui ont sévi en certaines régions du Brésil en 1917-1918, ont provoqué, pendant deux campagnes consécutives, une forte diminution dans la production de ce pays ; mais cette production, dès 1920-1921, est redevenue ce qu'elle était auparavant et paraît même en voie de progression sérieuse.

Par contre, la production du café dans les colonies françaises ne s'accroît que d'une façon très lente, elle était de 2 536 tonnes en 1903, de 1 724 tonnes en 1912, de 3 200 tonnes en 1919 et de 5 600 tonnes en 1925. Quelques colonies semblent cependant être en voie de progrès, tandis que d'autres paraissent plutôt portées à abandonner cette culture.

Production du café dans les colonies françaises

(Quantités exportées, en tonnes.)

| | ANNÉES | | | | | |
COLONIES	1919	1920	1921	1923	1924	1925
Madagascar.....	1 426	1 203	1 227	1 573	2 962	3 459
Nelle Calédonie..	599	452	380	321	818	581
Indo-Chine	581	957	1 128	623	805	383
Guadeloupe.....	383	798	668	533	759	979
Côte-d'Ivoire ...	110	117	112	113	94	98
Afrique équato-riale	44	.63	79	118	93	89
Réunion	37	15	30	1,2	2,2	0,7
Martinique	17	8	4	7	3	1,5
Guinée	2	2	0,4	0,7	1,4	2,4
Guyane	0,5	0,12	0,11	0,04	0,01	0,08
Dahomey	0,2	0,2	0,02	0,19	0,38	0,48
	3 199,7	3 615,32	3 628,53	3 290,13	5 537,99	5 594,16

Les prix moyens du café Santos G. A. au Havre ont varié comme suit par 50 kilogrammes :

1855 : 52 francs ; 1875 : 93 francs ; 1895 : 74 francs ; 1907 : 41 fr. 50 ; 1911 : 80 francs ; 1914 : 62 francs ; 1918 : 103 francs ; 1919 : 125 francs ; 1920 : 248 francs ; 1921 : 100 francs.

Pendant l'année 1926, les prix ont oscillé suivant les espèces entre 700 et 1 100 francs. Ici, il convient de faire remarquer aux lecteurs que les prix en francs ne signifient pas grand chose, la montée de ces prix ayant forcément suivi la dévalorisation de notre monnaie.

En 1907, les prix de vente étant tombés au-dessous du prix de revient, il en est résulté une crise grave qui conduisit les Etats producteurs de café du Brésil à créer l'Institut de Défense permanente du café, lequel a pour but de stabiliser les prix de cette denrée à un niveau convenable, on donna tout d'abord à l'opération le nom de (*valorisation*).

La revue *Le Café* indique que la consommation du café en France a suivi la marche suivante :

	Sacs de 60 kilos	Tonnes
1881-1890 Moyenne	1 110 000	66 600
1891-1900 —	1 245 000	74 700
1901-1910 —	1 620 000	97 200
1915	2 310 000	138 600
1920	2 700 000	162 000
1925	2 800 000	168 000

La consommation mondiale d'avant et d'après guerre est la suivante :

	Sacs de 60 kilos	Tonnes
1881-1890 Moyenne	9 915 000	594 900
1891-1900 —	12 295 000	737 700
1901-1910 —	17 065 000	1 023 900
1916-1920 —	17 800 000	1 068 000
1925	20 230 000	1 213.800

La consommation moyenne par tête d'habitant, en 1913 et en 1925, peut s'établir comme suit, dans les divers pays consommateurs.

	1913	1925
Hollande	7 » kgr.	6,69 kgr.
Danemark	5,60 —	7,14 —
Suède	5,50 —	7,03 —
Norvège.....................	5,10 —	6,52 —
Belgique	4,95 —	5,43 —
Etats-Unis	4,40 —	5,67 —
Finlande	4 » —	4,20 —
Suisse.....................	3,15 —	3,31 —
France	2,90 —	4,41 —
Allemagne.....................	2,50 —	»
Algérie	1,40 —	»
Autriche-Hongrie.................	1,10 —	»
Italie	0,80 —	1,25 —
Espagne	0,75 —	0,82 —
Portugal	0,65 —	0,94 —
Turquie d'Europe et d'Asie	0,60 —	»
Pays balkaniques, Egypte et Afrique du Nord	0,40 —	» —
Russie	0,10 —	»
Angleterre	»	0,35

Caféier d'Arabie de cinq ans ayant été étêté.

BOTANIQUE

Jusque vers 1865, *C. arabica* était la seule espèce du genre *Coffea* connue dans les cultures. Vers cette époque, il apparut dans les plantations de Ceylan et de Java un redoutable ennemi du caféier : *Hemileia vastatrix*.

Ce champignon ravagea et détruisit les cultures de *C. arabica* de Ceylan, et s'étant répandu, rendit à peu près impossible la production de ce café dans les pays baignés par l'Océan Indien.

Pour remédier à cette situation, on fut amené à rechercher parmi les espèces africaines du genre *Coffea* celles qui pourraient résister à la maladie, tout en fournissant un produit susceptible d'être accepté par le consommateur.

Les espèces nouvelles qui ont été adoptées dans les plantations pour leur résistance complète ou relative aux attaques d'*Hemileia*, fournissent malheureusement un café inférieur au café d'Arabie, mais, grâce à des soins de culture et de préparation appropriés, on est arrivé à obtenir de ces nouvelles espèces des produits qui entrent de plus en plus dans la consommation. Aussi, est-ce à elles que s'adressent maintenant les planteurs des pays contaminés, pour reconstituer leurs anciennes plantations ou en faire de nouvelles.

Les espèces de caféier actuellement cultivées sont :

Coffea arabica ;

Coffea liberica ;

Coffea robusta, Robusta de Java, Robusta du Congo, Canephora robusta ;

Coffea Kouilouensis ;

Coffea canephora, canephora kouilouensis ;

Coffea excelsa, C. uganda, C. stenophylla.

Ces trois dernières espèces ne sont que peu répandues encore. Elles sont, comme plusieurs autres : *C. Abeokuta, C. Dybowski, C. Congensis, C. Dewevri,* cultivées surtout dans les jardins botaniqueš. On n'est pas encore assez fixé sur leur valeur économique pour les planter en grand.

Le genre *Coffea* appartient à la famille des Rubiacées, comme la Garance, le *Quinquina*, l'*Ipecacuanha*.

C. Arabica est un petit arbrisseau ; il peut atteindre de 6 à 7 mètres de haut. Il croît généralement en touffes ; ses branches, longues et grêles, portent des feuilles opposées, d'un beau vert luisant, qui peuvent atteindre jusqu'à 15 et même 20 centimètres de longueur sur 4 à 6 centimètres de largeur.

Les fleurs sont réunies par petits groupes de 3 à 7 à l'aisselle des feuilles. Elles sont d'un blanc pur et dégagent une odeur suave, rappelant celle de la fleur d'oranger. La floraison est éphémère, mais elle se produit plusieurs fois dans l'année.

Le fruit est une baie divisée en deux loges, chaque loge contient un grain. A maturité, le fruit est rouge, on lui donne généralement, en cet état, le nom de cerise.

Les graines sont convexes du côté externe et aplaties du côté interne par lequel elles sont accolées. L'albumen corné est entouré, lorsqu'il est sec, d'une fine pellicule argentée, que la préparation commerciale fait disparaître plus ou moins complètement. La graine est renfermée dans la cerise, à l'intérieur d'une enveloppe parcheminée, désignée sous le nom de parche. La pulpe des baies est peu abondante, elle est molle, à saveur sucrée agréable.

Il arrive, surtout dans les fruits d'arbres âgés, qu'une seule graine se développe. Elle devient alors presque sphérique et prend le nom, dans le commerce, de *café caracoli*.

Dans les cultures, *C. arabica* a produit un certain nombre de « variétés » ou plutôt de formes dont la classification et la valeur ne sont pas encore bien déterminées.

Parmi les formes les plus caractéristiques, citons

Le caféier *Amarelho*, *Maragogipe* et *Murtha* du Brésil.

Le premier, qui est encore connu sous le nom de café de *Botucatu*, a ses cerises jaunes à maturité.

Le caféier *Maragogipe* est une variété à très grandes feuilles et à gros fruits qui n'a pas donné toute satisfaction dans les cultures du Brésil où elle a été admise.

Le *Murtha*, qui est à feuilles petites et très rapprochées, est une forme sans valeur culturale.

Parmi les variétés caractéristiques, on doit encore citer le café *Leroy de la Réunion*, dont les grains, petits, sont pointus aux deux extrémités.

Ces quatre formes paraissent assez bien fixées pour être élevées au rang de variétés.

Il n'en est pas de même des variations qui semblent s'être produites dans tous les pays, par suite d'une adaptation de la plante type aux conditions du milieu.

C'est ainsi que les caféiers *Bourbon*, *Java*, *Martinique*, etc., paraissent surtout se différencier par des aptitudes acquises dans le milieu particulier où elles se sont développées, sans que leurs caractères fondamentaux en aient été altérés ou transformés.

Les différences qui existent entre le café *Nacional* et le café *Bourbon*, — deux formes cultivées dans les « fazendas » brésiliennes, — ne semblent pas suffisantes pour en faire deux variétés, bien que les planteurs ne leur reconnaissent pas exactement les mêmes caractères.

Il faut d'ailleurs remarquer que toutes les espèces de caféier ont une tendance marquée à varier.

Coffea Liberica. — C'est la première espèce qui soit entrée dans les cultures dès que l'on se rendit compte des difficultés qu'il y aurait à combattre *Hemileia*. Ainsi que son nom l'indique, ce caféier est originaire de Libéria (Guinée).

C. Liberica est un petit arbre qui peut atteindre de 10 à 12 mètres. Ses feuilles, opposées, sont beaucoup plus grandes que celles de *C. Arabica* ; elles peuvent avoir jusqu'à 40 centimètres de longueur sur 10 centimètres de largeur, mais le plus souvent, leurs dimensions sont plus réduites et elles ont de 20 à 22 centimètres de long sur 8 à 9 centimètres de large.

Les fleurs axillaires, groupées comme celles de *C. Arabica*, à l'aisselle des feuilles, sont beaucoup plus grandes que les fleurs de cette dernière espèce. Elles sont également blanches, et elles dégagent une forte odeur de fleur d'oranger.

Le fruit est une baie jaune, ou rouge, beaucoup plus grosse que celle du caféier d'Arabie. La pulpe en est épaisse, coriace et difficile à enlever.

Le caféier de Libéria, en raison de sa grande vigueur, résiste généralement assez bien aux attaques d'*Hemileia vastatrix*. Il est loin, toutefois, de jouir d'une immunité complète à l'égard de ce parasite et il arrive fréquemment, dans les pépinières, que les jeunes plants de Libéria sont fort malmenés par le champignon. Dans les plantations, les arbres adultes ont aussi souvent à en souffrir, lorsque les conditions de sol et d'abri ne sont pas satisfaisantes.

A Java, *Hemileia* a causé de tels dommages aux plantations de Libéria, que l'on a abandonné peu à peu cette espèce. A Madagascar, elle se montre très résistante dans les bonnes terres, mais les difficultés que l'on rencontre pour préparer ses fruits et vendre ses grains, font qu'on la délaisse également.

Coffea Robusta. — Cette espèce présente plusieurs variétés dont l'identification n'est pas encore très précise.

Ce sont, en général, des arbrisseaux qui peuvent atteindre jusqu'à 5 et 6 mètres de haut, et qui croissent avec une extraordinaire rapidité. Ils prennent la forme pyramidale, mais lorsque les branches vieillissent, elles s'allongent considérablement, s'inclinent et pendent vers le sol.

Les feuilles sont d'un vert foncé. Dans une même variété, elles diffèrent très souvent de grandeur de sujet à sujet ; elles ont, en général, de 17 à 25 centimètres de longueur, mais il en est qui n'ont que 15 centimètres, alors que d'autres ont 30 centimètres de longueur ; la largeur varie de 6 à 9 centimètres. Certaines de ces feuilles sont ovales avec une base obtuse et un sommet acuminé ; d'autres sont elliptiques avec base et sommet aigus ; elles sont moins épaisses et moins rigides que celles du caféier de Libéria.

Branches fleuries de Caféiers d'Arabie.

Les fleurs sont légèrement plus grandes que celles du *C. arabica*. Elles sont extrêmement nombreuses et réunies en grosses boules à l'aisselle des feuilles. Il n'est pas rare, sur une même branche de *C. robusta*, d'observer jusqu'à 12 et 15 bouquets, composés de 40 à 60 fleurs chacun. .

Comme celles des *C. Liberica* et *Arabica*, les fleurs de *Robusta* sont très odorantes. La floraison ne dure que de deux à trois jours, mais elle se répète deux ou trois fois dans l'année, à périodes très rapprochées.

Les cerises du *C. robusta* sont plus petites que celles du *C. arabica*; très vertes, à l'état jeune, elles sont rouge foncé au moment de la maturité. Quelques-unes cependant sont striées de lignes rouge clair.

La pulpe est mince et très aqueuse ; elle s'enlève sans difficulté. Beaucoup de fruits ne contiennent qu'une graine, il s'ensuit que l'on obtient une grande quantité de café caracoli, lors de la préparation.

Cette espèce est excessivement fertile, et en bonne année de récolte, les arbrisseaux portent une telle quantité de cerises qu'au moment de la maturité, leurs branches ploient à se rompre sous leur poids.

Coffea Kouilouensis. — Cette espèce se rapproche beaucoup de *C. robusta*. L'arbuste présente toutefois un aspect plus compact, les branches ont des entre-nœuds plus courts, elles sont également plus graciles.

On distingue surtout *C. kouilouensis* des autres espèces, *Robusta* et *Canephora*, à l'aspect de ses feuilles qui sont plus petites avec des nervures secondaires fortement accusées, imprimant à la partie supérieure du limbe des ondulations proéminentes, très marquées.

Les feuilles ont de 15 à 24 centimètres de longueur et de 5 à 8 centimètres de largeur.

Cette espèce est plus précoce que *C. robusta* et *canephora* ; la floraison a lieu en une ou deux fois et la récolte ne demande guère que deux passages des cueilleurs, s'échelonnant sur un mois et demi à deux mois.

C. Kouilouensis, excessivement florifère, est considéré comme très prolifique. Ses cerises sont plus petites que celles du *C. robusta*, elles ont une pulpe plus mince et leur couleur est d'un rouge un peu plus clair.

Coffea canephora. — Cette espèce de caféier atteint des dimensions sensiblement égales à celles du *C. robusta*. Les feuilles, d'une façon générale, sont cependant plus grandes, leur longueur peut atteindre jusqu'à 35 centimètres et leur largeur de 7 à 15 centimètres ; elles sont également plus minces que les feuilles de *robusta*.

Les cerises sont généralement striées, et rouge clair.

Les diverses variétés de *C. robusta*, de *C. canephora*, de *C. canephora robusta*, du caféier du Kôuilou ne résistent pas d'une manière complète à *Hemileia vastatrix*. On observe même, dans les cultures, des plants qui souffrent beaucoup des atteintes de ce champignon ; ces plants devraient être éliminés. En tout cas, on ne devra jamais prendre leurs graines pour la multiplication de l'espèce. En général, cependant, ces caféiers jouissent, à l'égard d'*Hemileia*, d'une résistance satisfaisante. Sur le versant est de Madagascar, qui est particulièrement chaud et humide, ils réussissent convenablement même dans des sols pauvres.

Il reste à faire un travail de sélection très important pour arriver à fixer les meilleurs types de café *robusta* et *canephora*. Le café du Kouilou paraît présenter de moins grandes variations que les espèces précédentes.

A Madagascar, nous avons eu l'occasion d'observer, dans les plantations, un grand nombre de formes dérivant des *C. canephora* et *robusta*.

Les qualités de ces formes, tant au point de vue des aptitudes culturales qu'à celui de la valeur du produit, sont très variables ; c'est aux planteurs qu'il appartient de multiplier les meilleures. Certaines formes fournissent des graines qui se torréfient facilement, gonflent beaucoup sous l'action de la chaleur et don-

Branche de Caféier de Libéria avec fleurs.

Branches de Caféier de Koullou avec fleurs et fruits

nent une infusion agréable, quoique faible ; d'autres, au contraire, donnent des grains qui gonflent à peine à la torréfaction et qui produisent une boisson à peu près dépourvue de saveur.

Il est permis d'espérer qu'à la longue, on parviendra à obtenir des variétés de *C. robusta* et *canephora* produisant du café comparable à celui que donne *Arabica*. Ce serait à souhaiter, car ces espèces possèdent, à plus d'un titre, des qualités qui en font des plantes précieuses.

Coffea stenophylla et **C. congensis**. — Ne se sont pas répandues dans les plantations. — La première fournit cependant un café de bonne qualité. Quant à la seconde, dont l'immunité à l'égard d'*Hemileia* est complète, sa productivité laisse à désirer et il ne semble pas qu'elle soit appelée à se vulgariser, tout au moins avant qu'elle ait produit des variétés dont la fertilité se soit affirmée.

Coffea excelsa. — *C. excelsa* est un grand caféier qui rappelle *C. liberica* par son port, la forme, la texture et la dimension de ses feuilles.

C'est une plante excessivement vigoureuse, résistant bien mieux aux attaques d'*Hemileia* que *C. liberica*, et produisant beaucoup.

Ce caféier a été classé parmi les espèces à petits grains, bien qu'il produise autant de gros grains que de petits, ce qui rend difficile l'utilisation commerciale de son café.

Depuis longtemps, à Java, on a tenté et réussi l'hybridation des *C. liberica* et *C. arabica*. On avait fondé de grandes espérances sur ces hybrides, elles ne semblent pas s'être réalisées jusqu'à maintenant.

On a parlé, depuis, d'hybrides *C. liberica* et *C. congensis*. Quelle en est la valeur ? Nous l'ignorons encore.

Dans ces sortes de questions, il convient de déterminer ce qui appartient encore à la théorie de ce qui est réellement entré dans le domaine de la pratique. Ce n'est pas chose facile, du moins en matière d'Agriculture coloniale, car on est trop souvent obligé de juger à distance et sur des documents qui n'ont pas toujours un caractère d'impartialité complète.

CHAPITRE II

CONDITIONS DE MILIEU

CLIMAT. — SOL

Climat. — *C. arabica* a des exigences climatologiques assez différentes des autres espèces, pour qu'il soit nécessaire de les étudier à part.

Sous le rapport du climat, le caféier d'Arabie est une essence des plus accommodantes. En effet, ce caféier croît aussi bien dans les plaines, au voisinage de l'équateur, qu'à 600 et 700 mètres d'altitude sous les 21e et 22e parallèles Nord et Sud, mais sa véritable zone de culture est située dans les parties les plus tempérées de la région intertropicale. Les grandes régions de culture du caféier d'Arabie sont, en effet, localisées au Brésil, au voisinage du Tropique du Capricorne, au-dessous duquel elles ne descendent pour ainsi dire pas.

Le plus grand peuplement de ce caféier existant dans le monde est situé dans l'Etat de Sao-Paolo, au Brésil. Il est entièrement contenu dans le carré formé par les 21e et 22e degrés de latitude Sud, et les 4e et 5e degrés de longitude Ouest de Rio-de-Janeiro. Le centre de ce carré est à environ 400 kilomètres de la mer. Ses principales localités sont Riberao-Preto, à 516 mètres d'altitude, Sao-Simao à 635 mètres d'altitude et Descalvado, à 649 mètres.

Il existe un autre centre de production très important dans le carré formé par les 20e et 21e degrés de latitude Sud et les 3e et

4e degrés de longitude Ouest de Rio-de-Janeiro. Les villes principales de cette région sont : Campinas à 693 mètres d'altitude et Amparo à 658 mètres.

Le Brésil produit environ 75 p. 100 du café consommé dans le monde et l'Etat de Sao-Paolo, les deux tiers de cette quantité, soit la moitié de la production universelle.

Le nombre de pieds de caféiers qui existait dans cet Etat était, en 1907, de 688 000 000, couvrant une superficie de 867 773 hectares !

Il n'est donc pas exagéré de penser que *C. arabica*, qui peuple entièrement les plantations paulistes, y a trouvé des conditions de climat et de sol qui répondent entièrement à ses besoins. Par conséquent, en étudiant la climatologie de cette contrée, et plus particulièrement celle des deux zones dont il est fait mention ci-dessus, on a toute chance de fournir au lecteur des indications précises sur le climat qui convient le mieux à *C. arabica*.

Au cours du voyage que nous avons fait en Amérique et aux Antilles, nous avons reconnu que c'est incontestablement dans les Etats producteurs de café du Brésil que le caféier d'Arabie réclame le moins de soins pour réussir.

Les plantations y occupent les flancs et même les crêtes des collines à une altitude généralement supérieure à 650 mètres.

Le climat de cette région est particulièrement agréable et se prête admirablement à la résidence des Européens. Il se divise en deux saisons : l'une chaude et humide, d'octobre à avril ; l'autre fraîche et relativement sèche de mai à septembre.

La température moyenne de l'année est de 19 à 21° centigrades.

Les maxima extrêmes atteignent 35°, 36° et les minima descendent parfois au-dessous de zéro (Tatuhy — 1°,8 en 1892 ; Rio-Claro — 1°,8 en 1895) mais, en général, la température ne s'abaisse guère au-dessous de + 3° centigrades.

Il convient de remarquer que les gelées sont fréquentes dans l'Etat de Sao-Paolo, et qu'elles infligent parfois des dégâts sérieux aux caféiers comme cela s'est produit en 1917-1918. Elles ont lieu pendant les mois froids, de mai à septembre inclus, et, chose assez

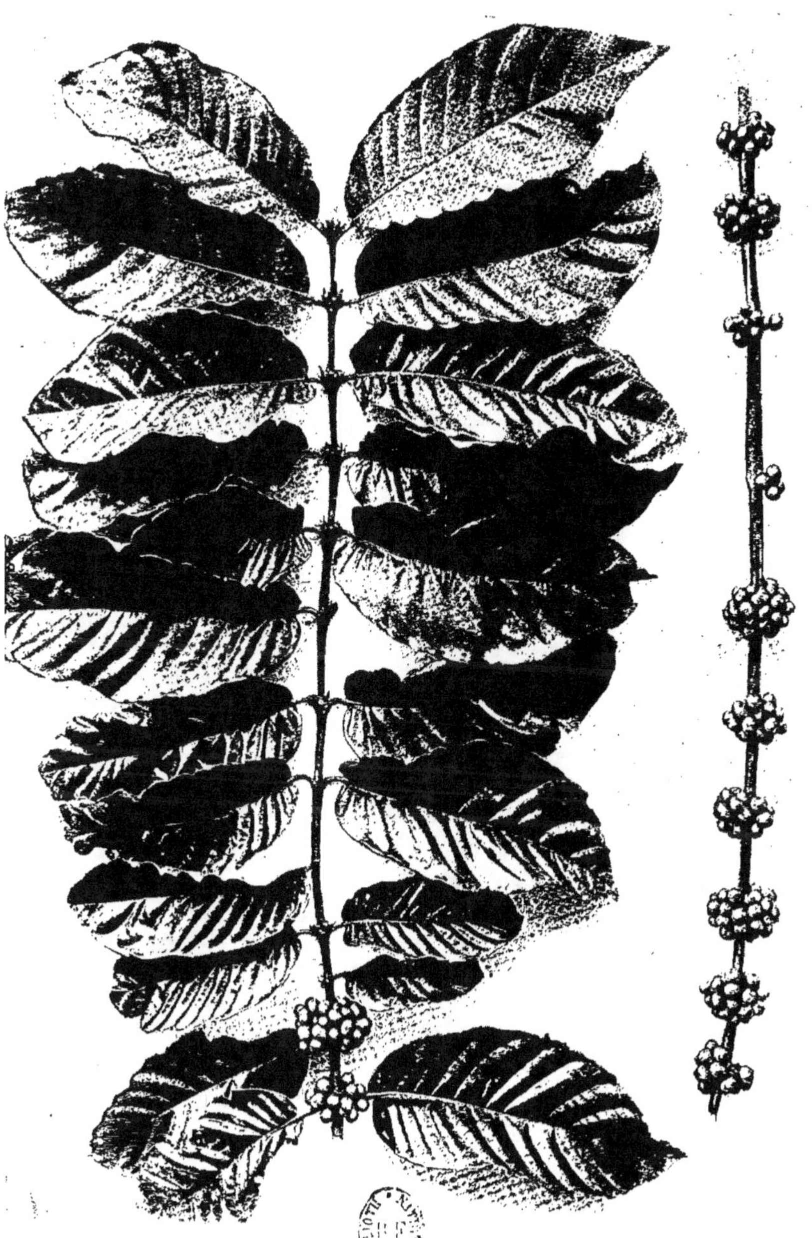

Branches de Caféier Robusta avec fruits

curieuse, ce sont les points situés à moins de 600 mètres d'altitude qui paraissent être le plus exposés aux gelées. Ces dernières sont très rares entre 600 et 850 mètres d'altitude, mais leur fréquence augmente au-dessus de cette dernière cote.

On ne s'explique guère, au premier examen, qu'il gèle dans une région où le thermomètre ne descend généralement pas au-dessous de zéro. Il faut tenir compte que les appareils, qui servent aux observations, sont situés sous abri, à 2 m. 50 au-dessus du sol, et qu'ils ne donnent pas la température qui se manifeste soit au ras de terre, soit à la surface des objets exposés en plein rayonnement.

MM. Rivière et Lecq, dans leur *Traité d'Agriculture pour le Nord de l'Afrique*, pages 6 et suivantes, fournissent des renseignements très intéressants sur cette question. Ces savants indiquent qu'en plein rayonnement, alors que la température, à 10 centimètres du sol, est de — 4°, elle est de zéro à 1 m. 50 et de + 7° à 10 mètres de hauteur. Les mêmes constatations ont été faites à Antsirabé, vaste plateau situé au Sud et à 180 kilomètres de Tananarive.

Ceci laisse donc supposer que lorsque le thermomètre placé sous abri, à la hauteur réglementaire, approche de zéro degré centigrade, la température doit être très basse près de la surface du sol, ainsi qu'au niveau des parties basses des plantes.

Quant au phénomène qui place les plantations situées entre 600 et 850 mètres d'altitude dans une zone à peu près exempte de gelées, alors que celles qui sont installées au-dessous et au-dessus de ces cotes gèlent fréquemment, on en a donné diverses explications sur lesquelles il semble inutile d'insister. Contentons-nous, en appelant l'attention du lecteur sur cette particularité du climat brésilien, de lui rappeler combien il est difficile, pour les pays nouveaux, de donner des précisions, quant aux possibilités d'y cultiver une plante quelconque, sans, au préalable, s'être livré à des expériences nombreuses et méthodiques.

Les pluies se répartissent sur tous les mois de l'année, mais elles sont beaucoup moins abondantes pendant les mois froids que pendant les mois chauds. Les chutes d'eau les plus importantes se produisent de novembre à février ; elles sont quelquefois violentes à cette époque. En 1899, notamment, on a recueilli 527 millimètres de pluie pour le seul mois de janvier. Pendant la saison fraîche, on observe parfois d'assez longues périodes de sécheresse. A Campinas, en 1899, les six mois d'avril à septembre ont donné seulement 208 millimètres d'eau au total, soit une moyenne de 33 millimètres par mois, quantité à peu près négligeable en agriculture tropicale.

La chute annuelle moyenne pour dix années varie, suivant les localités, de 1 315 millimètres (Sao-Paolo), à 1 756 millimètres (Bragança). Ce climat est, en quelque sorte, idéal pour la culture du caféier. La floraison s'y produit du commencement de septembre à fin octobre, à une époque où les pluies sont généralement peu abondantes, ce qui favorise la fécondation des fleurs. Puis, lorsque les fleurs sont nouées, la quantité de pluies augmente progressivement, aidant au développement des fruits, dont la maturité coïncide avec la fin de l'hivernage.

La récolte s'effectue durant les mois secs de l'année, ce qui permet de préparer les fruits dans des conditions parfaites.

Certes, il serait excessif de conclure que le caféier d'Arabie ne peut être cultivé que dans les pays dotés d'un climat analogue à celui de Sao-Paolo. L'auteur en a visité de belles plantations à la Guyane hollandaise, à la Guadeloupe, à la Jamaïque, etc., mais, c'est incontestablement dans les parties montagneuses, et au-dessus d'une certaine altitude que le caféier réussit le mieux.

A Ceylan, on le cultivait jadis entre 500 et 1 200 mètres d'altitude. A Java, on le plante surtout entre les cotes 800 et 1 500, mais on en trouve des plantations à des altitudes plus élevées encore : 1 750 mètres.

A la Jamaïque, dans le Massif de Blue-Mountain, par 18° de latitude Nord, il existe de belles cultures de caféiers d'Arabie entre 1 400 et 1 500 mètres d'altitude.

A la Guadeloupe, les plantations les plus importantes sont groupées sur le flanc de la « Soufrière », aux environs du « Camp Jacob » et du « Matouba », entre 500 et 750 mètres.

C'est enfin dans les parties les plus tempérées de sa zone de culture que *C. arabica* réclame le moins de soin. Alors qu'à Java, on estime que l'ombre lui est indispensable, il pousse sans aucun abri dans l'Etat de Sao-Paolo, de même qu'à la Jamaïque, dans les plantations situées en montagnes.

Coffea liberica, C. robusta, C. kouilouensis, C. canephora. — Les exigences de ces trois espèces sont à peu près semblables, mais elles diffèrent beaucoup de celles de *C. arabica*.

Ces arbustes poussent à l'état naturel dans les basses altitudes, au voisinage de l'Equateur ; aussi, leur aire de culture semble-t-elle devoir être limitée aux parties les plus basses de la zone intertropicale.

On peut les planter jusqu'à 500 mètres de hauteur, au voisinage de l'équateur, mais il faut s'élever de moins en moins à mesure que l'on s'en éloigne.

D'après des observations faites à Madagascar, il semble que ces caféiers peuvent prospérer jusqu'aux 20e parallèles ; mais, si loin de l'équateur, il ne serait pas prudent de les planter à plus de 200 mètres au-dessus de la mer.

A Java, c'est entre les cotes 300 et 500 que *C. robusta* donne les meilleurs résultats ; cependant, on l'y trouve jusqu'à 1 000 mètres au-dessus de la mer.

En tout cas, les espèces ci-dessus réclament des climats à la fois chauds et humides ; elles supporteraient mal des sécheresses ininterrompues de longue durée et des températures trop basses.

Dans les pays contaminés par *Hemileia vastatrix*, *C. liberica* souffre parfois de la trop grande humidité, qui augmente la virulence du champignon.

La chute d'eau annuelle doit être au minimum de 2 mètres, mais *C. robusta, canephora* et *kouilouensis* s'accommodent parfaitement de pluies plus importantes. A Tamatave, où ces espèces poussent très bien, même en terrains argileux, il tombe par an de 3 mètres à 3 m. 50 d'eau. Une longue sécheresse leur serait préjudiciable ; elles supportent cependant, sans en souffrir, des périodes relativement sèches de huit à dix semaines. Il est, d'ailleurs, indispensable de préciser à ce propos que la nature du sol peut exercer une certaine influence sur les besoins de ces caféiers. Il est clair qu'ils souffriraient plus de la sécheresse en sol poreux, léger, qu'en terre alluvionnaire, fraîche et toujours imprégnée d'eau.

Tous les caféiers, quelle qu'en soit l'espèce, sont sensibles aux vents froids ou desséchants qui soufflent longtemps dans une même direction. Aussi faut-il chercher à placer les plantations dans des situations abritées.

Sol. — Le Caféier d'Arabie présente, au point de vue du sol, des exigences un peu spéciales. Il prospère surtout bien sur les flancs des collines, dans les terrains formés en place et provenant de la décomposition de roches éruptives.

Au Brésil, il réussit admirablement dans les terres qui résultent de la décomposition des granits et des gneiss (environs de Campinas) et d'une diorite (régions de Riberao Preto et de Sao-Manoel).

Les terres produites par la décomposition de la diorite sont désignées sous le nom de « terras roxas ». Ce sont de beaucoup les plus fertiles. Elles sont de couleur rouge très foncé, tirant un peu sur le violet. Leur perméabilité est remarquable et elles sont complètement meubles sur une grande épaisseur. Elles sont ordinairement dépourvues de pierres ou même de gravier et formées exclusivement d'éléments fins. Leur profondeur est généralement considérable. Il n'est pas rare d'observer de ces terrains qui ont plus de 20 mètres d'épaisseur et ils se trouvent presque toujours dans un état physique tel que l'on n'éprouve aucune difficulté pour y faire pénétrer un long bâton.

Chimiquement (1) ces terres sont pauvres. Leur teneur en chaux

---

(1) On lit souvent que les terres « roxas » du Brésil sont riches en principes fertilisants et notamment en potasse. C'est là une opinion erronée. Le tableau d'analyses publié en 1890 par l'Institut agronomique de Campinas mentionne 12 échantillons de « terras roxas ». Aucun de ces échantillons ne dose 1 p. 1 000 de potasse, un seul en accuse 0,5 p. 1 000 et la teneur des autres varie de 0,18 à 0,40 p. 1 000. Leur richesse en acide phosphorique n'est guère plus satisfaisante ; ces terres, par contre, sont généralement très bien pourvues en azote.

est très faible, elles contiennent peu de potasse et d'acide phosphorique. Par contre, elles sont riches en azote, et c'est, semble-t-il, à leur extrême profondeur et à l'azote qu'elles renferment, qu'elles doivent leur grande fertilité, du moins dans la période qui suit immédiatement leur défrichement.

Les terrains qui sont issus de la décomposition des granits et des gneiss sont encore plus pauvres, chimiquement, que les terres « roxas ». Leur teneur en azote est moins élevée, et ils contiennent de la potasse et de l'acide phosphorique en proportions extrêmement faibles ; ils sont, en outre, totalement dépourvus de chaux. Leur état physique est également bien moins satisfaisant. Comme toutes les terres de la région intertropicale ayant la même origine géologique, ils sont de couleur rouge ou jaune.

Bien que leur fertilité soit inférieure à celle des terres « roxas », ils portent cependant de très belles plantations de caféiers, mais elles paraissent s'épuiser vite.

Toutes les terres à café du Brésil ont un point commun, c'est leur extraordinaire richesse en oxyde de fer et d'alumine, qui va de 50 à près de 300 p. 1.000. Les terres « roxas » sont celles qui accusent les plus fortes teneurs en ces deux derniers éléments.

Après avoir observé le Caféier d'Arabie dans plusieurs situations, nous sommes convaincu que les terres de l'Etat de Sao-Paolo possèdent au plus haut degré les qualités requises pour la prospérité de cette plante.

On a prétendu que la richesse en fer des terres avait pour effet de rendre les caféiers plus résistants aux attaques de *Hemileia vastatrix*. Nous ne croyons pas que cette opinion soit exacte, car nous avons pu constater qu'à Madagascar, sur des terres contenant autant de fer que celles du Brésil, le caféier d'Arabie ne résiste à *Hemileia* qu'autant qu'il reçoit des fumures très abondantes.

Il semble, par contre, certain que le caféier ne recherche pas du tout le calcaire. Peut-être bien même que la présence de cet élément en proportion notable dans le sol lui serait préjudiciable.

Il ne faudrait toutefois pas conclure que les terres que nous venons d'étudier soient les seules susceptibles de convenir au caféier d'Arabie. Cette espèce vient parfaitement dans les terrains volcaniques, ainsi qu'en témoignent les plantations de Java, de la Guadeloupe, de la Jamaïque, etc.

Il semble d'ailleurs que ces derniers sols aient sur la qualité du produit une influence très heureuse, car les cafés récoltés sur les terres volcaniques de Java et de ces derniers pays sont incontestablement de qualité supérieure.

Mais il faut reconnaître que d'autres causes agissent pour influencer la qualité du café : l'altitude, notamment, ainsi que les méthodes de culture et surtout celles de récolte et de préparation. En conclusion, disons que *C. arabica* vient surtout très bien dans les terrains sains, poreux, profonds et meubles. Il redoute, au contraire, les fonds de vallée où le sol reste humide. Les inondations un peu prolongées lui sont préjudiciables, aussi, dans l'Etat de Sao-Paolo, ne le plante-t-on jamais à moins de 3 à 5 mètres au-dessus du niveau des vallées.

Les planteurs brésiliens ont remarqué que la présence de certaines plantes est un indice que le sol conviendra au caféier. La meilleure indication est fournie par *Gallesia gorasema*, qui a les mêmes exigences que *C. arabica*, non seulement sous le rapport du sol, mais encore sous celui du climat. Cette plante ne croît pas, en effet, sur les terrains exposés aux gelées. Ces indications n'ont toutefois qu'une valeur locale, et elles ne peuvent être d'aucune aide aux planteurs en dehors des Etats brésiliens. Il existe cependant une indication générale qui vaut pour tous les pays. Elle se rapporte à l'état de la végétation spontanée qui couvre le sol. Ce dernier ne porte-t-il qu'une maigre végétation herbacée ou arbustive, il ne conviendra pas au caféier. Si, au contraire, il est couvert d'une belle forêt, composée d'arbres vigoureux, aux troncs épais et élancés, il est presque certain que l'endroit choisi conviendra, si les conditions de climat requises s'y trouvent réunies.

Les planteurs brésiliens ne cultivent le caféier que sur des terrains forestiers, défrichés au moment de constituer la plantation. Ils n'utilisent jamais pour cette essence des terres déboisées et couvertes seulement par la prairie, comme on en rencontre tant dans la zone intertropicale.

La présence de pierres dans le sol n'est pas un obstacle à la culture du caféier. Au contraire, on a remarqué que cette plante vient très bien sur les flancs de collines d'où émergent de gros blocs qui retiennent la terre végétale.

Seule, l'existence d'un banc compact de rocher à une faible profondeur est une contre-indication très nette.

L'escarpement des terrains n'est pas non plus de nature à les faire rejeter, bien que de telles situations rendent parfois difficiles les opérations de plantations, d'entretien et de récolte.

Les autres espèces de caféiers, *C. liberica, kouilouensis, canephora, robusta* ont, sous le rapport du sol, des exigences plus larges que *C. arabica*. Les terres qui conviennent à cette dernière espèce sont également très favorables aux quatre premières. A Java, elles sont cultivées avec succès sur les mêmes terres volcaniques que *C. arabica*. Mais ces espèces viennent aussi très bien dans des sols alluvionnaires, où *C. arabica* ne saurait prospérer.

Nous avons observé de belles plantations de *C. liberica*, sur des alluvions compactes et très humides de Surinam, qui portent également de superbes cacaoyères.

A Madagascar, *C. liberica, kouilouensis, canephora, robusta* réussissent très bien sur les terres de marais humifères, après qu'elles ont été drainées avec soin. Les quelques échecs que l'on a enregistrés dans l'utilisation de ces sols, ont toujours été provoqués par l'insuffisance du drainage. On ne saurait, en pareille situation, trop multiplier les canaux d'évacuation des eaux et les creuser trop profondément.

Les sols alluvionnaires, quand ils sont trop siliceux, ne conviennent pas aux quatre derniers *Coffea*, lesquels viennent, par contre, parfaitement dans les alluvions de consistance moyenne, plutôt argileuses, mais présentant une grande épaisseur.

L'humidité stagnante dans le sol ferait périr ces arbustes, aussi les terres dans lesquelles le plan d'eau est près de la surface doivent-elles être drainées très sérieusement avant d'être plantées.

Lorsque, sur les terres d'alluvion, on rencontre des bananiers, des balisiers ou des *amomum* très vigoureux et très verts, on peut être assuré que *C. liberia, robusta, canephora*, etc., y réussiront.

CHAPITRE III

PRÉPARATION ET AMÉNAGEMENT DU SOL

Défrichement et aménagement. — En général, les plantations de caféiers sont établies en terrains forestiers. Il est indispensable, pour faciliter l'exécution des travaux de culture, de détruire complètement la forêt.

Les broussailles sont coupées les premières, puis les arbres abattus. Il n'est pas dans les habitudes d'arracher les souches, les troncs étant sectionnés à 0 m. 80 ou 1 mètre au-dessus du sol, la base reste dans la terre, et s'y décompose.

Lorsque les broussailles sont complètement desséchées, on les incinère. Le brûlage a l'inconvénient de détruire une grande masse de matières organiques, mais il a l'avantage de faire disparaître beaucoup de rongeurs et d'insectes et de nettoyer complètement le sol. C'est le procédé de défrichement le plus économique et il sera encore longtemps le seul employé dans les pays tropicaux, malgré les critiques qu'il soulève.

Dans les pays où l'on ombrage les caféiers, la question se pose, lors du défrichement, de savoir si l'on doit réserver les arbres d'abri, ou s'il est préférable de détruire complètement la forêt pour planter ensuite des essences spéciales.

La conservation des arbres de la forêt présente divers inconvénients :

1º Accaparement complet du sol par les racines des arbres con-

 LE CAFÉ

servés, et, par conséquent, épuisement des réserves nutritives nécessaires aux caféiers.

2° Résistance insuffisante aux vents des arbres forestiers brus-
quement isolés. Par la suite, ces arbres peuvent causer de graves
dégâts aux plantations, lorsqu'ils sont renversés par le vent.

3° Impossibilité à peu près complète de faire des plantations
suivant des lignes régulières.

On ne peut cependant condamner complètement cette méthode,
puisqu'elle est mise en pratique dans plusieurs pays. Mais, en raison des inconvénients signalés, nous conseillons vivement la destruction complète de la forêt, puis, la plantation d'arbres protecteurs choisis parmi les essences spécialement adaptées à cette fonction.

Les planteurs qui installent leurs caféières sous bois, font, en
général, brûler les broussailles, ainsi que les arbres abattus ; ils
ne conservent que des sujets de moyenne grandeur à des espacements suffisants.

Nous attirons tout particulièrement l'attention sur la nécessité qu'il y a, avant de procéder au défrichement, à bien reconnaître la direction des vents dominants, et à conserver de la forêt,
en certains points, pour protéger les parties exposées aux
vents.

Dans le maintien des espèces forestières, devant servir d'arbres d'ombrage, il est indispensable de faire une rigoureuse sélection. On choisira, autant que possible, des essences avec lesquelles
le caféier vit en bonne harmonie.

Il est assez difficile de donner une liste de ces espèces, chaque
contrée ayant les siennes ; mais il semble, *a priori*, qu'il y aura
intérêt à donner la préférence aux arbres appartenant à la famille
des Légumineuses.

Lorsque le feu a passé, on ramasse les branches qui ont résisté,
on les amoncelle sur les plus grosses souches et on les brûle. De
cette manière, ces dernières sont détruites et ne repoussent pas dans
la suite.

Pour permettre l'emploi des instruments aratoires, il serait indispensable que les grosses racines fussent enlevées, mais, ce travail long et coûteux est presque toujours négligé.

Dans les parties accidentées, la lutte contre les eaux de ruissellement doit être entreprise dès que le brûlage de la forêt aura été réalisé. (1) A cet effet, on établira des rigoles qui seront exécutées dans un sens perpendiculaire à la pente. Ces rigoles, qui ont pour but de recueillir les eaux, seront d'autant plus rapprochées les unes des autres, que la déclivité sera plus forte.

Dans toutes les plantations de l'Etat de Sao-Paolo, ces fossés d'écoulement sont soigneusement établis. Cette précaution est d'autant plus utile que les terres du Brésil sont très friables et se prêtent d'une manière toute spéciale à l'érosion.

Dans les sols pierreux, cet aménagement est moins utile. On rencontre à la Jamaïque des plantations accrochées aux flancs escarpés de collines rocailleuses, dans lesquelles on n'a creusé aucune rigole, les eaux pouvant s'infiltrer sans raviner le sol.

Après le nettoyage du terrain, on complètera l'organisation contre les eaux de ruissellement en ensemençant le sol à l'aide d'une plante à croissance rapide, qui le couvrira vite, s'opposera à l'entraînement des cendres et à la pullulation des mauvaises herbes.

Lorsqu'il s'agit de planter des terres alluvionnaires, privées de leur végétation arborescente et soumises à une culture plus ou moins régulière, comme c'est le cas pour les terres des vallées de Madagascar, le défrichement comporte la destruction des herbes qui couvrent le sol, et des quelques arbustes, *lantana* ou autres, qui s'y trouvent parfois.

Les herbes et les arbustes sont coupés pendant la saison fraîche et brûlés dès qu'ils sont desséchés. Ce défrichement coûte peu, mais ces sols sont tellement infestés de mauvaises herbes que l'entretien des cultures y est fort onéreux. En fin de compte, l'établissement des plantations y est aussi dispendieux que sur les terres couvertes de forêt.

---

(1) On trouvera dans le Tome I du *Guide d'Agriculture tropicale* de M. A. FAUCHÈRE, des détails très précis sur les moyens à mettre en œuvre pour lutter contre les déprédations du ruissellement.

Certains planteurs de Madagascar préparent ces sols avec méthode: Ils font suivre le défrichement d'un premier labour à la charrue qui a pour effet de détruire les plantes à rhizomes. Un ou deux mois après, on applique un deuxième labour, puis un fort hersage. Le sol est ensuite cultivé en manioc, dont la croissance rapide aide à la destruction des mauvaises herbes.

Après la récolte du manioc, on passe de nouveau la charrue. Le terrain est ainsi ameubli sur près de 0 m. 30 de profondeur et on peut y planter les jeunes caféiers, sans qu'il soit nécessaire d'y creuser de grands trous.

Si le terrain est exposé à des vents réguliers et violents ou portant des effluves marins, il est indispensable d'y constituer des rideaux brise-vent.

Dans bien des cas, on rendra d'ailleurs inutile la création de ces rideaux protecteurs, en plantant le long des chemins et sur les crêtes des collines des lignes d'arbres qui auront pour effet d'opposer de sérieux obstacles aux vents.

On doit savoir qu'un abri contre le vent fait sentir son effet sur une distance égale à quatre fois sa hauteur environ ; c'est donc tous les 100 mètres ou tous les 120 mètres qu'il conviendrait éventuellement de disposer les abris.

Mais, en pratique, on peut se dispenser de les rapprocher autant, et il suffit généralement de constituer un abri sérieux sur les côtés du domaine les plus exposés.

Les rideaux brise-vents peuvent être constitués par deux ou trois lignes d'arbres plantés en quinconce à 8, 10 ou 12 mètres, sur des lignes espacées de 3 mètres environ.

Leur épaisseur totale serait donc de 8 mètres à peu près. Une bonne précaution serait de les limiter de chaque côté par un fossé ayant 0 m. 50 de largeur sur 1 mètre de profondeur, afin d'empêcher leurs racines d'envahir les cultures.

Les essences qui peuvent servir à la constitution de ces rideaux sont nombreuses et beaucoup sont des espèces économiques.

Le planteur n'aura souvent que l'embarras du choix dans les espèces locales. Il lui sera cependant quelquefois difficile de trouver dans la flore du pays les arbres à croissance excessivement rapide, capables de remplir à bref délai l'office de brise-vents. Dans ce dernier cas, il pourra planter, parmi les espèces indigènes destinées à persister, un certain nombre d'arbres exotiques poussant très vite, qui fourniront l'abri nécessaire pendant les premières années, et qui pourront sans inconvénient disparaître ensuite.

Les *Albizzia moluccana*, *Albizzia stipulata*, *Adenanthera pavonina* et *microsperma*, qui croissent avec une extrême rapidité, peuvent être employés dans ce dernier cas, quoique leur bois soit très cassant et qu'ils résistent peu aux tempêtes.

Les espèces suivantes, qui poussent un peu moins vite, offrent plus de résistance aux vents violents : *Erythrina umbrosa*, *Erythrina velutina*, *Gliciridia maculata*, *Swietenia macrophylla*, *Cedrela odorata*, *Pithecolobium saman*, *Eucalyptus* divers, *Casuarina*, etc., etc..

Parmi les arbres qui fournissent d'excellents abris, tout en étant très résistants aux vents, on peut citer : *Mangifera indica* (manguier), *Artocarpus integrifolia* (*Jacquier*), *Artocarpus incisa* (arbre à pain), *Mammea americana* (abricotier des Antilles), *Swietenia Mahagoni* (acajou d'Amérique), etc., etc.. La croissance de ces plantes est cependant plus lente que celle des précédentes.

Les Bambous de différentes sortes fournissent des abris parfaits. Certaines espèces, celles de Birmanie entre autres, atteignent 30 à 40 mètres de hauteur, et leurs énormes touffes constituent des barrières infranchissables au vent. Malheureusement, ces plantes ont un système radiculaire extrêmement développé, et elles épuisent le sol à une grande distance. Si on les emploie dans le voisinage d'une plantation, il est indispensable de les isoler par de profonds fossés qui arrêtent leurs racines.

Au nombre des espèces susceptibles d'être employées pour constituer des brise-vents. C.-J.-J. van Hall indique encore *Albizzia Lebbeck*, *Albizzia odoratissima*, *Artocarpus nobilis*, *Cassia siamea*, *Pterocarpus indicus*, *Acacia pycnantha*, *Cedrela serrata*, *Cedrela Toona*, *Thespesia populnea*, *Myristica laurifolia*, etc., etc..

On peut aussi constituer des rideaux à l'aide d'essences fournissant des produits intéressants. Parmi les espèces basses et touffues, *Myristica fragrans* ; parmi les arbres, les caoutchoutiers de Para (*Hevea Brasiliensis*) et du Centre-Amérique (*Castilloa elastica*), doivent être mentionnés.

Si on se contente de planter des arbres le long des allées, les caoutchoutiers, ainsi que les kolatiers, conviendront parfaitement.

Citons enfin un genre d'abri que nous avons observé à la Guadeloupe, dans les caféières du « Camp Jacob » et qui sert à la fois contre le soleil et contre le vent. Il est constitué à l'aide de lignes d'arbres (*Ingà laurina*) placées à 10 ou 15 mètres les unes des autres, dans un sens parallèle aux rangées de caféiers.

Les arbres, sur ces lignes, sont plantés à 50 ou 60 centimètres de distance seulement, de sorte que, lorsqu'ils ont grandi, leurs troncs se touchent presque et opposent au vent une résistance complète. Ces rideaux ont l'avantage de n'occuper qu'une place restreinte, mais les espèces qui peuvent servir à leur constitution sont peu nombreuses.

Dans le bassin de l'Océan Indien, sur tous les terrains exposés aux moussons, il est absolument nécessaire d'installer des abris avant d'y planter des caféiers.

Ces brise-vents doivent être établis aussitôt que le terrain est défriché.

Nous ne parlerons pas de drainage pour le caféier d'Arabie, puisque cette espèce ne doit être placée que sur les flancs de collines où l'écoulement de l'eau est assuré naturellement. Il arrive cependant qu'après le défrichement, des sources apparaissent en certains points de la plantation ; en ce cas, il ne faudrait pas laisser divaguer ces eaux, mais les recueillir à l'aide de petites rigoles, et les diriger vers les parties rocailleuses et sèches qu'elles fertiliseraient.

Les cultures établies en terrains plats exigent souvent des travaux de drainage dont l'importance est variable suivant les cas. Dans les endroits où les chutes de pluies sont relativement faibles, où le sol est suffisamment perméable, ou assez en pente pour que l'excédent d'humidité soit facilement éliminé, le drainage est généralement inutile. C'est le cas pour les plantations faites en montagnes sur des terrains d'origine volcanique (Java, San Thome, Trinité).

Dans les vallées, au contraire, le drainage est presque toujours nécessaire, et quelquefois, il revêt une importance telle qu'il entraîne la dépense principale dans la constitution de l'exploitation. C'est ce qui se présente à la Guyane hollandaise où le drainage des terres était estimé, avant la guerre, à 75 000 francs environ pour 300 acres, soit plus de 600 francs par hectare !

On peut poser en principe que les terres alluvionnaires des vallées doivent être toujours drainées sérieusement pour permettre aux caféiers d'y prospérer.

On n'a jamais rien à redouter d'un excès de drainage, alors qu'un faible excès d'humidité est toujours à craindre.

En tout cas, si en creusant des trous de 1 m. 50 de profondeur on rencontre l'eau, il faut en conclure que le drainage s'impose. Si l'on n'a pas drainé, et que vers la troisième ou la quatrième année on s'aperçoive que les caféiers deviennent souffreteux et que quelques-uns périssent après avoir jauni, il faut s'empresser, pour éviter un désastre, d'assurer l'évacuation des eaux souterraines.

La distance et la profondeur des fossés de drainage varient suivant la nature du sol et son état d'humidité.

A la Guyane hollandaise, dans des terres argileuses basses, les fossés d'évacuation sont espacés de 7 à 8 mètres, larges de 0 m. 80 et profonds de 0 m. 60.

Ces drains sont parfaitement parallèles. Leur longueur n'est jamais très supérieure à 150 mètres. Ils débouchent, à chacune de leurs extrémités, dans des canaux secondaires de 1 m. 20 de profondeur et de 1 m. 50 de largeur, qui sont tracés dans une direction perpendiculaire aux premiers. Ces canaux de deuxième degré, qui sont déjà navigables aux pirogues, jettent leurs eaux dans des canaux collecteurs qui se déversent dans le fleuve à marée basse. Il est assez rare, d'ailleurs, que l'on ait à traiter des terrains aussi difficiles que ceux de la Guyane.

Les terres de marais de la côte Est de Madagascar, qui sont de plus en plus recherchées pour la culture du caféier, demandent un drainage rigoureux. Les fossés d'écoulement des eaux y ont parfois 2 mètres de profondeur, mais il est indispensable que le plan d'eau soit abaissé d'au moins 1 mètre au-dessous du niveau du sol. Il ne faut pas perdre de vue que ces terres se tassent considérablement après le drainage. Aussi doit-on, pour obtenir un assainissement convenable, creuser les drains aussi profondément que possible.

Si l'on installe des plantations de caféiers dans un pays à saison sèche très prolongée, il est indispensable d'en assurer l'arrosage et il est de toute nécessité de penser à cette question avant d'arrêter le choix de leur emplacement.

Les canaux et rigoles d'irrigation pourront être creusés après la mise en terre des plantes ; mais ce travail ne devra pas être trop retardé, car c'est généralement pendant les premières années que les caféiers sont le plus sensibles à la sécheresse.

Le tracé des chemins doit être fait aussitôt après le défrichement. On devra s'attacher à obtenir des champs de formes aussi régulières que possible. De larges chemins permettant le passage des chariots faciliteraient l'exécution des travaux. Dans les montagnes, on dispose les sentiers de telle sorte qu'ils franchissent de temps à autre des crêtes, d'où l'on peut apercevoir et surveiller les ouvriers.

L'installation de voies Decauville facilite beaucoup les travaux. Ces voies assurent les transports rapides et faciles de la récolte et des engrais, mais on ne peut envisager leur emploi que sur des domaines vastes, où les frais généraux se répartissent sur une importante production.

Dans les plantations établies sur des terrains très accidentés et largement pourvus d'eau, il peut être intéressant d'étudier un système de canalisation pour le transport par eau du café en cerises. Nous avons eu l'occasion d'observer des installations de cette nature dans plusieurs « fazendas » brésiliennes, et elles nous ont semblé fort pratiques. Dans ce dernier cas, on construit, sur des points élevés, des bassins en briques en forme de trémie, dans lesquels on déverse le café en cerises. Ces bassins reçoivent à la partie supérieure un fort courant d'eau. Ils s'ouvrent en bas sur des rigoles en briques, ayant une pente de 2 à 3 p. 100, qui vont déboucher dans les bassins de macération, près des appareils de dépulpage. Le café en cerise jeté dans les premiers bassins est entraîné par l'eau et conduit aux machines. Il nous a semblé que dans les régions à longues saisons sèches, cette installation pourrait être agencée de telle manière que les rigoles puissent servir à la fois à l'irrigation des caféiers et aux transports des récoltes.

Un système semblable exige toutefois l'établissement d'un projet suivant un plan coté. Ce projet pourrait être dressé dès que le défrichement est terminé ; mais l'exécution des travaux peut être différée jusqu'au moment où la récolte est assez importante pour en justifier l'utilité, à moins que l'irrigation n'oblige au creusement immédiat des rigoles pour distribuer l'eau dans les jeunes plantations.

Si l'emplacement des caféières est à découvert, soit que l'on se trouve sur terre alluvionnaire ou sur terrain de forêt où tous les arbres ont été abattus, on déterminera, en traçant les chemins, les emplacements réservés aux rideaux brise-vents.

Distance à observer entre les caféiers. — On ne peut donner de chiffres ayant une valeur absolue, car les distances auxquelles on plante les arbustes varient sensiblement suivant les cas.

Au Brésil, certaines exploitations en « terra roxa » sont faites à 4 m. 84 en tous sens ; ailleurs, on a adopté des espacements de 3 m. 96 ; dans quelques cas, les arbustes sont distants de 1 m. 98 sur des lignes espacées de 3 m. 96.

Pour les terres fertiles de l'État de Sao-Paolo, de 3 m. 50 à 3 m. 80, en tous sens, paraissent être les meilleurs écartements pour *C. arabica.*

A la Jamaïque, dans les montagnes, les caféiers sont espacés de 1 m. 80 et à la Guadeloupe, au « Camp Jacob », ils sont placés en carrés, à 2 mètres.

A Java, les caféiers d'Arabie sont plantés généralement à 2 mètres ou 2 m. 30, mais dans les sols pauvres, on diminue ces distances, et il n'est pas rare d'y voir des cultures dans lesquelles les arbustes sont rapprochés à 1 m. 80.

Les arbrisseaux doivent être d'autant moins espacés que le sol est plus pauvre.

C. robusta et *canephora*, prenant plus de développement que le caféier d'Arabie, sont plantés de 2 m. 75 à 3 mètres de distance. A Madagascar, pour ces espèces, on adopte des intervalles de 3 m. 10 à 3 m. 50 en tous sens ; mais en terrain très fertile, on va jusqu'à 4 mètres.

C. liberica, qui prend un grand développement, est ordinairement planté à 4 mètres. A la Guyane hollandaise, il existe de cette essence des cultures à 4 mètres sur 5 mètres, dans lesquelles le sol est entièrement couvert par les arbustes.

En observant d'aussi grands écartements, on est astreint, pendant plusieurs années, à des soins d'entretien coûteux ; mais, on peut remédier, en partie, à cet inconvénient, en pratiquant des cultures intercalaires : maïs, haricots, etc.

Dafert, *Culture rationnelle du Café au Brésil*, écrit au sujet de l'écartement des plants : « On emploie à Madagascar, et sur d'autres points (Sumatra, par exemple), une méthode qui réunit les avantages des deux systèmes que nous venons d'étudier. Elle consiste à planter en rangs serrés pour enlever un peu plus tard les plants en excès et ne garder que des lignes à écartement normal. »

Au moment où cet ouvrage a été écrit, cette méthode était peut-être pratiquée à Sumatra, mais elle était certainement inconnue à Madagascar, où elle vient tout dernièrement d'être appliquée à la Station d'essais de l'Ivoloïna. Ce procédé de culture paraît assez intéressant ; plus vite ombragé, le sol s'enherbera moins et on aura, d'autre part, dès les troisième et quatrième années, un surplus de production appréciable.

L'enlèvement des arbustes en excès entraînera cependant quelques dépenses et il est encore impossible de se prononcer sur les avantages ou les inconvénients de ce mode de plantation.

Quelle que soit la distance adoptée dans l'exploitation, on fera bien de placer les plants en quinconce, car c'est dans cette, situation qu'ils se développeront avec le plus d'uniformité.

Piquetage. — Lorsque les chemins et les drains, s'il y a lieu, auront été tracés, et que l'on connaîtra l'emplacement des brise-vents, on pourra procéder au piquetage.

Ce travail doit être exécuté avec le plus grand soin.

Une plantation présentant des lignes bien droites, conservant entre elles des intervalles réguliers est de surveillance aisée. Elle permet le passage des instruments aratoires, facilite le contrôle dans les travaux de taille et de récolte et aide aux calculs, lorsque les travaux d'entretien du sol sont donnés à la tâche.

Il est un seul cas où on peut excuser un alignement défectueux, c'est lorsque le terrain est trop rocheux, ce qui oblige à placer les arbustes là où il y a de la terre pour les recevoir.

L'emplacement de chaque plant est marqué par un piquet assez solide et suffisamment enfoncé, pour qu'il ne puisse être enlevé, jusqu'au moment où l'on creusera les trous.

On prend une ligne de base, chemin, fossé limite de plantations présentant une longue partie droite, sur laquelle on élève des per-pendiculaires à des distances convenables, qui constituent les lignes de plantation.

Pour indiquer l'emplacement des caféiers sur ces lignes, on se sert d'un cordeau sur lequel on a, au préalable, disposé des marques, à des écartements correspondant à l'espacement entre les caféiers.

Creusement des trous. — Les dimensions à donner aux trous varient suivant les sols et elles seront d'autant plus grandes que le terrain sera plus compact et plus pauvre.

Dans les « terras roxas », si meubles et si perméables, il est à peine besoin de remuer le sol. On se contente, comme c'est générale-ment le cas au Brésil, de semer directement en place, en ouvrant des excavations de 15 à 20 centimètres de profondeur au fond des-quelles on dépose les graines, après avoir pris la précaution d'ameu-blir le sol au fond du trou et de l'avoir mélangé à la terre de sur-face.

Dans les terrains moins favorables à la culture du caféier, on creuse des trous de 40 à 50 centimètres de côté sur autant de profondeur. Ces trous sont remplis aux deux tiers de bonne terre et de débris végétaux quelque temps avant le semis.

Dans tous les autres pays, où les plantations de caféiers ne prennent jamais l'importance des « fazandas » brésiliennes, on a l'habitude de creuser les trous plusieurs mois à l'avance en leur donnant des dimensions qui varient suivant la nature et la fertillité du sol.

A la Guadeloupe, on creuse des trous de 50 à 60 centimètres de côté. On les comble en plusieurs fois avec des herbes et de la terre prise à la surface du sol.

A Java, les trous ont généralement de 60 à 65 centimètres de côté, avec 50 centimètres de profondeur.

A Madagascar, dans les terres alluvionnaires meubles et fertiles, on se contente, pour la plantation des *C. liberica*, *robusta* et *canephora*, de faire des trous de 40 à 45 centimètres, mais on augmente de beaucoup ces dimensions lorsque l'on opère sur des terres compactes ou pauvres.

Dans ces dernières situations, il n'est pas rare de creuser des trous de 80 centimètres et même d'un mètre de côté. Dans les pays où la main-d'œuvre est chère, il ne peut être question d'exécuter des travaux aussi importants pour planter les caféiers et il vaut mieux délaisser les mauvaises terres.

Dans les terres alluvionnaires qui ont été préparées à la charrue, comme il a été indiqué précédemment, on se contente simplement, au moment de la plantation, d'ouvrir des trous assez grands pour recevoir les jeunes plants en motte.

Abris contre le soleil. — Les auteurs qui ont écrit sur le caféier ne sont pas tous d'accord sur la nécessité d'abriter les vieilles plantations contre le soleil. Par contre, ils sont à peu près unanimes pour reconnaître que, dans le jeune âge, les caféiers doivent être protégés du soleil. La nécessité des abris provisoires n'est donc pas discutée. Et c'est surtout de l'ombrage permanent et de son utilité dont nous discutons ici.

Dans les immenses plantations du Brésil, le caféier d'Arabie pousse en plein soleil ; aucun arbre ne lui apporte le secours de son ombre, et il en est de même dans les montagnes de la Jamaïque, alors que, dans ce dernier pays, le caféier cultivé dans les basses altitudes est placé sous ombrage.

Les plantations de la Guadeloupe sont abritées à la fois du soleil et du vent. A Java, il est d'usage de cultiver les caféiers sous abri, et c'est également sous ombrage que le caféier de Liberia est planté à la Guyane hollandaise et à Madagascar. Dans cette dernière île, on abrite généralement tous les caféiers, quelle qu'en soit la variété ou l'espèce.

A la Station d'essais de Tamatave, à une altitude d'environ 14 mètres, nous avons suivi des essais de caféiers *robusta* et *canephora* en plein soleil, placés, il est vrai, en assez mauvais sol. Les jeunes plants, pendant les trois premières années, se sont développés normalement, même avec vigueur, mais dès qu'ils sont entrés en production, ils ont rapidement décliné. Après deux récoltes assez abondantes, leurs branches se sont desséchées et beaucoup de plants ont dû être reformés à l'aide de gourmands. Dans la même parcelle, donc dans un sol identique, les plantations constituées avec les mêmes caféiers, mais ombragés, se maintiennent en parfait état, dès lors qu'elles sont protégées modérément par des *Albizzia stipulata*.

De tout ce qu'il nous a été donné de voir, il semble bien résulter que l'ombrage est nécessaire dans certaines situations et inutile dans d'autres.

La fertilité du sol joue là aussi un certain rôle car les arbustes supportent d'autant mieux la vive insolation qu'ils sont plantés dans une terre plus riche.

Dans les parties basses et très chaudes de la zone intertropicale, il sera prudent de prévoir la constitution d'un ombrage léger et permanent pour les plantations de tous les caféiers, tandis que cette précaution semble superflue pour les cultures placées dans les parties tempérées de cette zone, soit qu'elles se trouvent situées loin de l'équateur, ou qu'elles soient placées à de hautes altitudes dans la région équatoriale.

Il faut aussi reconnaître que l'ombrage est moins utile dans les contrées forestières, où le ciel est rarement clair, que dans les pays de steppes où, au contraire, l'atmosphère est généralement pure et le soleil ardent.

Les arbres qui sont employés pour ombrager les plantations doivent réunir certaines qualités :

Leur croissance doit être rapide. Leur système radiculaire ne doit pas être trop développé. Leur feuillage, assez dense pour assurer un ombrage suffisant, doit cependant laisser passer la lumière. Une ombre trop compacte a l'inconvénient de provoquer l'étiolement des arbustes et d'entraîner une diminution dans la production.

Leur bois doit être assez flexible pour ne pas se rompre sous l'action des vents violents.

En pratique, il n'est guère possible de trouver un arbre présentant toutes ces qualités et ceux qui sont employés actuellement les possèdent plus ou moins.

Ce sont les arbres appartenant à la famille des Légumineuses qui ont la plus grande vogue.

Cette préférence s'explique par le fait que les plantes appartenant à cette famille possèdent la propriété de s'assimiler, par symbiose, l'azote atmosphérique qui se trouve, par suite de la chute des feuilles, des fleurs et des fruits, indirectement rapporté au sol.

Les Erythrines sont employées en divers pays, Guyane hollandaise, Java. Ces plants, qui se multiplient très facilement par boutures plançons, ont l'avantage de pousser très rapidement.

Presque toutes les Erythrines atteignent de très grandes dimensions, mais n'offrent malheureusement pas toujours une solidité suffisante, surtout lorsqu'elles sont plantées sur des sols en pente se délayant facilement sous l'action de la pluie.

A Madagascar, les arbres de cette essence poussent lentement ; d'autre part, leurs feuilles sont dévorées par les chenilles, et ils sont peu employés.

Albizzia moluccana, *A. stipulata*, *A. Lebbeck* (Bois noir), sont aussi utilisés comme arbres d'ombrage. On reproche aux deux

Plantation de très vieux Caféiers de Libéria à Madagascar

premières espèces de prendre un développement beaucoup trop considérable et de se briser très facilement sous l'action des vents violents.

Quant à *Albizzia Lebbeck*, qui est d'un bois plus résistant, il a l'inconvénient de pousser lentement et de se dépouiller de ses feuilles pendant toute la saison sèche.

Si l'on adopte ces arbres, il faut les disposer à de grands écartements : 20 à 30 mètres pour *Albizzia moluccana* et *stipulata*, et 12 à 18 mètres pour *Albizzia Lebbeck*. La croissance des deux premiers est excessivement rapide ; toutefois, plantés à de telles distances, ils resteraient plusieurs années avant d'ombrager convenablement le sol et, pour éviter cet inconvénient, on peut réduire les distances de moitié, pour supprimer un arbre sur deux dès que l'abri fournira une ombre trop compacte.

Leucæna glauca convient également très bien. Cette plante peut aussi servir pour fournir l'ombrage provisoire dans les jeunes plantations et elle est aussi indiquée pour la couverture du sol. Dans les terrains en pente, on peut même constituer entre les lignes de caféiers des haies de *Leucæna*, qui, entretenues à hauteur convenable par des tailles répétées, auront pour effet de s'opposer au ravinement des terres par les eaux de ruissellement, tout en enrichissant constamment le sol en azote. Pour obtenir un ombrage satisfaisant, il suffit de laisser pousser, tous les 4 ou 5 mètres, un plant de *Leucæna glauca*. En le taillant, et en le dirigeant comme il convient, on arrive à former un petit arbre qui protège admirablement les caféiers des ardeurs du soleil et qui résiste aux vents les plus violents.

Dans certains pays, à Java, notamment, on a employé, dans les caféières, *Hevea* et *Manihot glaziowi*. Sans donner complète satisfaction, c'est *Hevea* qui réussit le mieux, mais il faut prendre la précaution de le planter de telle manière qu'il puisse s'être développé, afin d'être toujours en avance sur les caféiers et de n'avoir pas à souffrir de leur voisinage dans le jeune âge.

Dans quelques pays l'ombrage est parfois obtenu à l'aide d'arbres divers : certains *Ficus*, *Eugenia*, *Cedrela Toona*, *Erioden-*

dron anfractuosum, des *Artocarpus*, *Pithecolobium saman*, etc..

Ces plantes sont plus ou moins intéressantes. *Pithecolobium* paraît avoir l'inconvénient de gêner sérieusement les arbustes placés sous son couvert. *Eugenia* et *Artocarpus* forment d'excellents brise-vents, mais donnent un ombrage trop compact. *Cedrela Toona* croît excessivement vite, mais atteint des proportions telles que, par la suite, il gêne beaucoup les arbustes qu'il a pour mission de protéger.

La place des arbres d'ombrage doit être marquée au moment où l'on effectue le piquetage de la plantation, et ils doivent être mis en place aussitôt que possible après le défrichement.

Pour donner l'ombre indispensable aux jeunes caféiers, on peut constituer avec *Leucæna glauca*, *Cajanus indicus*, *Indigofera*, dans des interlignes, un abri qui, placé à environ 1 m. 50 des caféiers, les protégera du soleil jusqu'au moment où les arbres d'ombrage commenceront à remplir leur office. Les cultures intercalaires de maïs, haricots, etc., peuvent, dans une certaine mesure, jouer le rôle d'abri contre le soleil dans les caféières très jeunes.

CHAPITRE IV

ÉTABLISSEMENT DE LA PLANTATION

Multiplication. — Le caféier se multiplie surtout par semis. Dans certains cas, on peut recourir au greffage et même au bouturage et au marcottage.

Le semis s'exécute directement en place, comme au Brésil, ou dans des pépinières spécialement aménagées à cet effet, méthode généralement employée dans tous les autres pays.

Quel que soit le procédé dont on fait usage, il est nécessaire, avant de commencer le semis, de soumettre les graines à une sélection rigoureuse.

Les cerises doivent être récoltées bien mûres, sur des arbres adultes, ne présentant pas de trace de maladie et s'étant fait remarquer par leur vigueur, leur fécondité, ainsi que par la beauté et la régularité de forme de leurs fruits.

On peut extraire les graines aussitôt la récolte achevée, ou bien faire sécher les cerises et les décortiquer ensuite pour en extraire les semences.

On choisira les graines les mieux formées et de grosseur moyenne (1).

---

(1) Pour le café de Libéria, on doit rechercher les grains petits, mais bien formés, afin de créer, si possible, un type à petits grains. Pour *Coffea robusta* et *canephora*, il faut, au contraire, par la sélection, chercher à obtenir des arbustes produisant des grains aussi gros que possible, mais réguliers avant tout.

On compte qu'un kilogramme de baies de *Coffea liberica* donne environ 200 plants ; la même quantité de caféier d'Arabie fournit de 900 à 1 000 plants, et le kilogramme des *C. robusta* et *canephora* peut donner de 1 300 à 1 500 plants.

Si le semis ne peut être exécuté aussitôt après la récolte des graines, il est nécessaire de faire sécher les baies à l'ombre et de les placer en un lieu sain, par couches de faible épaisseur que l'on remuera souvent, afin d'éviter la fermentation. Dès qu'elles sont sèches, on peut les mettre dans des sacs ou des caissettes pour les conserver. Il serait imprudent, toutefois, de semer des graines cueillies depuis plus de quatre à cinq mois.

Semis en pépinière. — Ainsi que nous l'avons déjà dit, dans tous les pays, hormis le Brésil, on constitue les plantations à l'aide de plants élevés en pépinière. Quelquefois, on se sert de sujets que l'on va chercher dans les caféières et qui proviennent de graines tombées sur le sol. Ce procédé n'est signalé ici que pour être condamné. Les inconvénients qu'il présente sont multiples ; le plus grand vient de ce que les plants, qui ont ainsi poussé au hasard, n'ont été soumis à aucune sélection et qu'ils peuvent provenir d'une graine ou même d'un arbuste défectueux. S'étant, d'autre part, développés à l'ombre des grands caféiers, ces jeunes plants sont toujours étiolés et demandent un certain temps pour former des sujets convenables. On doit remarquer que, même au Brésil, il est d'usage de constituer des pépinières dans lesquelles on vient prendre les arbrisseaux nécessaires pour remplacer les caféiers morts.

Bien que cette méthode ne soit pas généralement suivie, nous conseillons de créer d'abord une pépinière de semis, ensuite on en fera une autre dans laquelle les jeunes plants seront repiqués.

Nous recommandons vivement le repiquage, car il provoque la multiplication du chevelu et favorise la reprise lors de la transplantation.

Il est très utile de placer les pépinières dans des endroits très abrités des vents. Pour celles où l'on doit faire le repiquage, on les installera autant que possible au centre, ou, tout au moins, en un point très rapproché des terrains à planter, de façon à éviter les longs transports qui sont coûteux et préjudiciables à la bonne conservation de la motte de terre que l'on doit garder autour des racines des jeunes arbustes pour assurer leur reprise.

Pour les semis, un sol meuble et léger conviendra parfaitement, mais pour les repiquages, il est indispensable de disposer d'une terre compacte permettant la levée facile des plants en mottes lors de la transplantation.

Il est nécessaire, aussi bien pour les pépinières de semis que pour celles de repiquage, de les établir aussi près que possible d'un point d'eau, pour faciliter les arrosages qu'il faudra certainement exécuter de temps en temps.

Pour le semis, on dispose le sol en planches de 1 m. 25 à 1 m. 50 de largeur, après l'avoir labouré très soigneusement et débarrassé des pierres et des racines qu'il pouvait contenir. On ameublit et on égalise la surface des planches par un fort coup de râteau.

Les graines de caféiers, extraites des cerises, mais encore enfermées dans la parche, sont répandues à la volée sur le sol, en faisant en sorte qu'elles soient séparées entre elles par des intervalles de 1 à 2 centimètres. On les appuie ensuite contre le sol à l'aide d'une planchette un peu lourde, que l'on promène sur toute la surface des parties ensemencées, en frappant de légers coups, puis on les recouvre d'une couche de terreau ou de sable de 1 à 2 centimètres que l'on presse avec la même planchette.

Il faut ensuite construire, au-dessus des planches, des abris pour atténuer la violence des pluies et, surtout, pour protéger les jeunes caféiers contre les ardeurs du soleil, ardeurs qui leur sont néfastes au moment où ils sortent de terre.

Ces abris ne devront pas être élevés à plus d'un mètre au-dessus de terre, de façon à éviter que les gouttes d'eau ne découvrent les graines. Ils sont construits avec des pieux fourchus à la partie supérieure et fichés en terre de 3 mètres en 3 mètres, de chaque côté des planches. Leurs sommets, dans le sens de la longueur, sont réunis par des perches de 2 à 3 centimètres de diamètre, sur lesquelles on place des traverses très rapprochées faites de tiges de bambou ou de fines gaulettes de bois. Sur ces traverses, qui sont attachées aux perches, on dispose des bruyères, des herbes, etc., en couche mince, de façon que l'ombrage ne soit pas exagéré.

La germination se produit six à huit semaines après le semis. Pendant ce temps, si la sécheresse venait à sévir, il faudrait avoir soin d'arroser régulièrement les semis. Un mois environ après que les graines ont commencé à germer, les cotylédons ont atteint tout leur développement et la première paire de feuilles est en formation. On peut, dès ce moment, procéder au repiquage des jeunes plants.

Comme pour les planches de semis, celles destinées au repiquage auront 1 m. 25 à 1 m. 50 de largeur et seront séparées par des sentiers de 0 m. 60 ; ainsi que nous l'avons déjà dit, il sera bon que le sol soit un peu argileux ; il devra être labouré soigneusement.

A la surface, on tracera des rayons distants de 20 à 30 centimètres, suivant lesquels on repiquera les jeunes caféiers extraits des planches de semis. Ces jeunes plants seront arrachés sans qu'il soit utile de chercher à maintenir de la terre autour de leurs racines.

Pour les retirer du sol dans de bonnes conditions, il suffira de les soulever à l'aide d'un transplantoir, puis de les prendre en ayant soin de ne faire aucun effort de traction brusque, lequel aurait pour effet de briser leurs racines. Par contre, il n'y a aucun inconvénient à couper leur pivot.

Le repiquage se fait à l'aide d'un plantoir ordinaire. Il est utile d'ouvrir largement les trous, pour que les racines y soient insinuées sans être recourbées. La terre meuble avec laquelle ces orifices sont rebouchés doit être appuyée assez fortement avec le plantoir, de sorte que le plant puisse résister à un léger effort de traction.

La distance à réserver entre les sujets est d'environ 20 centimètres en tous sens pour le caféier d'Arabie, elle sera portée à 25, et même 30 centimètres pour *C. liberica, robusta, canephora*, etc..

Dès que le repiquage a été effectué, si le temps est sec, il faut arroser copieusement, et construire de suite les abris pour ombrager les jeunes tiges qui viennent d'être transplantées.

Les plants resteront en pépinière un temps variable avec le climat, et surtout avec l'espèce de caféier cultivée. On peut obtenir de très beaux plants de *C. arabica*, *robusta* et *canephora* en sept ou huit mois, alors qu'il faudra presque le double pour avoir des caféiers de Libéria bons à être mis en place définitive.

Le repiquage des jeunes caféiers n'est pas toujours pratiqué. Le semis étant fait, on laisse dans les planches les jeunes sujets jusqu'au moment de leur transplantation dans les cultures. Dans ce cas, après avoir préparé soigneusement le sol des planches, on trace à leur surface, dans le sens de leur longueur, des rayons profonds de 3 à 4 centimètres et espacés de 20 à 30 centimètres. On place les graines dans le fond de ces rayons tous les 10 à 15 centimètres, puis on les recouvre de terre, après quoi, on construit les abris pour les ombrager. Si la levée est très régulière, il faudra, dans la suite, éclaircir le semis pour espacer les plants de 20 à 30 centimètres sur les lignes.

Les soins aux pépinières ainsi constituées consistent en arrosages, donnés chaque fois qu'il est besoin, et en sarclages, répétés aussi souvent qu'il convient pour juguler les mauvaises herbes.

On doit aussi veiller à ce que les grosses pluies ne découvrent pas les graines. Si cet inconvénient se produisait, il faudrait y remédier immédiatement.

On doit surveiller l'ombrage des pépinières, afin qu'il reste toujours suffisant pour protéger les jeunes plants des ardeurs du soleil ; mais il doit diminuer d'intensité à mesure de leur croissance.

Lorsque les jeunes caféiers sont bons à être mis en place, il arrive fréquemment qu'on les découvre et qu'on les expose au plein soleil. Ils deviennent ainsi plus robustes et souffrent moins de la transplantation.

Au Brésil, pour pourvoir au remplacement des plants qui ont manqué dans les semis directs, on crée des pépinières. Celles-ci sont souvent installées dans des clairières de forêts aménagées à cet effet.

Ces pépinières sont, en général, organisées d'une façon rudimentaire. Le sol débroussaillé est quelquefois labouré. On se contente aussi, après l'avoir débarrassé des herbes et des arbustes qui le recouvrent, de tracer à sa surface des rayons espacés de 20 à 25 centimètres et profonds de 4 à 6, dans lesquels on dispose les graines à 10 ou 12 centimètres de distance, après quoi, on les recouvre de terre meuble. Les plants poussent ensuite comme ils peuvent, on ne s'en occupe généralement plus.

Quelquefois, cependant, on prend plus de précautions. Le sol des pépinières est labouré profondément, débarrassé des racines qui l'encombrent, et aménagé en planches de 1 mètre à 1 m. 20 de largeur, dans lesquelles on sème les graines à des distances variant de 10 à 20 centimètres. Aussitôt que le semis a été fait, on recouvre le sol d'une couche de feuilles mortes qui s'oppose à la dessiccation et à la pousse des mauvaises herbes. Lorsque la germination commence, on retire les feuilles mortes et on construit, s'il y a lieu, un abri léger au-dessus des planches pour les ombrager.

On peut encore, pour atténuer les inconvénients de la transplantation, élever les caféiers en paniers ou dans des pots faits à l'aide de tiges de bambou, lesquelles doivent avoir de 8 à 10 centimètres de diamètre. A ces pots, on donne une hauteur de 20 à 25 centimètres. Chaque article de la tige de bambou peut fournir un vase. La section de la tige se fait à 2 ou 3 centimètres au-dessous d'une cloison transversale, laquelle sert de fond au récipient. On perce ce fond d'un trou pour permettre l'écoulement de l'eau. Il est bon de fendre les pots en deux portions dans le sens de la longueur et de maintenir rapprochées les deux sections à l'aide de deux ou trois liens en rotin ou en liane. Cette précaution facilite la transplantation. Il est en effet simple de sortir le plant du pot, ainsi préalablement fendu, sans en endommager les racines, en coupant simplement les liens qui maintiennent en contact les deux sections du vase.

A Madagascar, on fait des récipients, appelés « tentes », avec des feuilles de vacoa (*Pandanus utilis*) ou de *Fourcroya gigantea*. Ces tentes ont l'inconvénient de se décomposer très rapidement. Il faut les remplacer deux à trois fois par an, ce qui gêne, dans une certaine mesure, la croissance des caféiers. Le prix de revient de ces derniers récipients est infime, un homme pouvant en confectionner plus de deux cents par jour.

Au moment de la plantation, lorsque l'on emploie des sujets élevés dans des paniers ou dans des « tentes » on procède comme si l'on transplantait des plantes en mottes. Il est, en effet, inutile de se préoccuper des récipients qui se décomposent très vite en terre et ne gênent nullement la reprise des arbustes.

L'emploi des récipients est très pratique ; mais lorsque l'on a à préparer de grandes quantités de plants, il est coûteux et compliqué. Aussi, quand on dispose d'un sol tant soit peu argileux, vaut-il mieux élever les sujets en pleine terre et les transplanter en motte.

Semis en place. — C'est la seule méthode pratique pour la constitution de vastes plantations comme il y en a au Brésil. Il suffit d'avoir parcouru les grandes « fazendas » de l'État de Sao-Paolo, pour comprendre qu'il serait impossible de planter d'aussi énormes surfaces, si l'on devait élever les caféiers en pépinières pour les transplanter à demeure ensuite. On peut donc critiquer le semis direct, mais il est impossible de lui substituer pratiquement une autre méthode au Brésil.

Il faut naturellement, pour réussir les semis en place, que le sol ait été préparé de telle sorte que les mauvaises herbes n'y poussent pas de suite. C'est ce qui se produit sur les défrichements de forêt où le feu, détruisant toutes les graines de plantes nuisibles, laisse le terrain propre pendant deux années au moins.

Il faut, de plus, opérer pendant l'hivernage, c'est-à-dire au cours de la période pluvieuse. Au Brésil, on procède à ces semis d'octobre à janvier.

Il est bon d'ouvrir les trous quelque temps à l'avance ; on leur donne de 30 à 35 centimètres de côté dans les terres fertiles et meubles, et de 40 à 45 dans celles qui le sont moins. Quelques jours avant de planter les graines, on comble ces trous avec de la bonne terre, mais sans les remplir complètement. Les semences y sont placées au nombre de huit à douze. On les enterre à 3 ou 4 centimètres, puis on construit avec des petites branches une « casinha » au-dessus de chaque trou pour protéger les jeunes arbustes du froid, disent les planteurs brésiliens, mais, en réalité, pour les abriter du soleil.

Lorsque les jeunes plants commencent à former leur deuxième paire de feuilles, ou même plus tôt, on doit les éclaircir et n'en laisser que trois par trou, en choisissant naturellement les plus vigoureux. On peut se servir des plants supprimés pour remplacer les manquants là où les graines n'ont pas germé. Les sujets destinés aux remplacements doivent être arrachés avec beaucoup de soin. A mesure que les plants conservés grandissent, on remplit les trous avec de la terre prise sur les bords.

On remarquera que la méthode de semis en place que nous venons de décrire se rapporte aux conditions de la culture brésilienne ; il est probable qu'elle devrait subir des modifications pour être appliquée en d'autres pays. Il serait dangereux, par exemple, dans des terres moins perméables que celles du Brésil, de placer des graines dans des excavations qui se rempliraient d'eau à chaque pluie.

C'est également une habitude brésilienne de planter le caféier en touffes composées de trois ou quatre plants. Nous en avons demandé la raison aux « fazendeiros » chez lesquels nous avons été reçu au cours de notre voyage de 1902. Ils nous ont répondu que les arbustes plantés isolément se chargeaient prématurément d'une très grande quantité de fruits et qu'ils périssaient tout jeunes encore. Ceci nous laisse supposer que cette méthode de culture est employée pour protéger les arbustes contre l'action néfaste des vents. Une touffe de trois ou quatre caféiers n'est guère plus grosse qu'un caféier planté seul ; elle n'offre par conséquent pas beaucoup plus de prise au vent, alors qu'elle dispose de trois ou quatre troncs pour résister à son action. A la Guadeloupe, on plante deux caféiers par touffe, tandis que dans les autres pays, on ne place généralement qu'un seul arbuste dans chaque trou.

Mise en place des plants. — Lorsque les plants élevés en pépinière ont atteint assez de développement, on procède à leur transplantation. Si les trous ont été ouverts à l'avance, il faut les combler aussi longtemps que possible avant d'y apporter les plants, afin que la terre ait le temps de se tasser un peu, et que les arbustes, après la plantation, ne s'enfoncent pas trop, par rapport au terrain environnant.

Le remplissage des trous doit être fait avec de la bonne terre de surface et, si le sol est peu fertile, il est indispensable de lui incorporer du fumier, des cendres, des débris végétaux ou animaux pour l'améliorer.

L'époque la plus favorable pour transplanter les caféiers est le commencement de l'hivernage, lorsque les pluies sont bien établies et qu'elles assurent aux plants des arrosages presque quotidiens.

Dans les régions à climat très humide, on peut planter presque toute l'année. C'est ainsi que sur la côte Est de Madagascar, on transplante les caféiers même pendant la saison froide, en juin, juillet et août, époque où des pluies fines tombent presque chaque jour. Nous ajouterons toutefois que, pour ce pays, la période qui est nettement la plus favorable à la plantation des caféiers se trouve comprise entre janvier et avril. A ce moment de l'année, où la température est très élevée et les pluies abondantes, les jeunes plants reprennent très rapidement et ils se trouvent en très bonnes conditions pour affronter les mois relativement secs d'octobre, novembre et décembre.

Il est tout à fait indispensable de prendre de grands soins pour arracher les plants. On doit leur conserver une grosse motte autour des racines. Cette précaution est encore plus utile pour *C. liberica* que pour les autres variétés. Ce grand caféier si robuste souffre cependant beaucoup d'une transplantation faite hâtivement. Beaucoup de planteurs ont vu la fructification de leurs caféiers retardée de près de deux ans, uniquement parce qu'ils n'avaient pas pris assez de soin pour les transplanter.

Il est donc prudent d'employer, pour arracher les arbustes, les ouvriers les plus habiles et de les soumettre à une surveillance de tous les instants.

Afin d'éviter que la motte ne s'effrite durant les manipulations auxquelles on la soumet, il est bon de l'entourer avec des portions de feuilles de bananiers, ou même des herbes, maintenues par un ou deux liens. Tout plant dont la motte aura été abîmée pendant l'arrachage ou le transport devra être rejeté. Pour diminuer l'évaporation, il est utile de supprimer aux plants une partie de leurs feuilles. On peut enlever complètement les trois ou quatre feuilles du sommet et couper par la moitié celles du bas de la tige. Cette précaution est surtout nécessaire si on redoute que des coups de soleil violents se produisent dans les premiers jours qui suivront la transplantation. L'effeuillage doit précéder immédiatement l'arrachage des plants.

Les jeunes caféiers arrachés et préparés ainsi qu'il vient d'être dit doivent être déposés dans des caisses, ou dans des civières, qui servent à les transporter sur les lieux de la plantation. Il est bon d'affecter à ce travail une équipe spéciale qui distribue les plants aux endroits voulus, pendant que d'autres ouvriers procèdent à leur mise en terre.

Cette dernière opération ne présente rien de particulier ; il est inutile d'enlever les feuilles de bananiers ou les herbes qui entourent les mottes, car elles se décomposeront rapidement dans le sol. L'ouvrier qui effectue la plantation s'assure d'abord que son plant est bien dans l'alignement des rangées qui passent au point où il se trouve. Ensuite, il fait glisser de la terre fine autour de la motte, de façon qu'il n'y ait pas de cavités près des racines, puis il tasse légèrement la terre tout autour. Il faut planter à un niveau tel que, lorsque la terre des trous s'est tassée, le collet des caféiers soit sur le même plan, ou légèrement au-dessus, que le terrain qui n'a pas été remué. Cette précaution est surtout indispensable à observer dans les sols compacts et dans les régions très humides. Il n'y a guère que dans des terres perméables comme celles du Brésil, où l'on puisse se permettre de planter dans des excavations de profondeur variable. Il faut, nous le répétons, éviter que l'eau ne séjourne au pied des caféiers.

Suivant les habitudes locales, on place soit un seul soit plusieurs plants dans chaque trou. Nous avons mentionné à « semis en place » l'habitude des planteurs du Brésil et de la Guadeloupe. Les premiers constituent des touffes de trois ou quatre caféiers, les seconds de deux. Nous nous garderons bien de condamner ces méthodes consacrées par la pratique. Il nous faut, cependant, faire observer qu'elles entraînent des dépenses supplémentaires, puisqu'elles nécessitent la préparation et la manipulation d'un plus grand nombre de plants. Elles ne doivent donc être suivies qu'autant que leur efficacité a été pratiquement démontrée.

La plantation doit être effectuée par temps sombre ou légèrement pluvieux. Si les arbres d'abri ne sont pas suffisamment développés pour ombrager les jeunes plants, il faut les protéger du soleil par des abris artificiels formés de brindilles, de bruyères, de grandes herbes piquées autour d'eux.

Greffage. — Le caféier peut être multiplié par le greffage. Il y a une vingtaine d'années, pour lutter contre les anguillules et notamment contre *Heterodera radicicola*, on a préconisé de greffer *C. arabica* sur *C. liberica*.

A la Guadeloupe, on greffe quelquefois le caféier d'Arabie sur le caféier Liberia pour le défendre contre les nématodes ; dans ce cas, on emploie le procédé de greffe par approche (1). A Java, le greffage du caféier a été pratiqué avec succès, depuis plus de vingt ans, par Reunsdyk sur les plantations de Klein Getas, par Butin Shaap sur celles de Kandangan et enfin par Everard sur le domaine de Kaiwasari. Ces planteurs eurent recours à ce mode de propagation soit pour lutter contre certains ennemis du caféier, soit pour régénérer de vieux arbustes, soit pour multiplier des hybrides grands producteurs.

---

(1) Tout ce qui a trait au greffage du caféier à Java a été extrait de *The Tropical-agriculturust*, nᵒˢ 2, 3, 5, 6, Ceylan, Grafting in coffee culture, par Dʳ P. J. S. Cramer

Mais, c'est surtout depuis 1915 que le Dr Cramer, Directeur des Services Botaniques du Jardin de Buitenzorg, fervent partisan du greffage du caféier, a entrepris à la Station expérimentale de Bangelan des essais destinés à montrer les avantages de cette opération.

Voici, résumés par lui, quels sont ces avantages :

1° En employant des greffons provenant d'une même souche, on arrive à créer une plantation d'une homogénéité parfaite, qu'on ne saurait atteindre avec des plants semés, même venus de graines d'un même pied-mère.

2° Par le greffage, on peut ainsi prévoir quel sera le mode de végétation et en même temps quelle sera la production d'une plantation. Il suffit, en effet, de connaître quels sont les rendements que l'on peut obtenir d'une espèce greffée sur une autre, dans des conditions de culture bien déterminées.

Les plants recevant des greffons prélevés sur un même pied-mère sont tous uniformément vigoureux et productifs, ou bien ils sont tous également chétifs et peu fructifères. Dans les parcelles de caféiers greffés à Bangelan, on a pu constater que chaque arbuste était porteur d'un nombre de baies sensiblement égal à ceux de ses voisins. Au contraire, chez les plants provenant de semis directs, on remarque des inégalités très importantes dans la fructification ; certains arbustes sont très chargés alors que d'autres, dans la même parcelle, ne portent qu'un nombre de cerises à peine suffisant pour justifier leur maintien en culture.

On ne saurait cependant affirmer, dit le Dr Cramer, que tous les caféiers ayant reçu des greffons d'un même pied-mère produiront une égale quantité de café marchand. Mais les différences sont toujours moins grandes que s'il s'agissait de caféiers de semis.

*Production en kilogrammes de café marchand
de 13 caféiers* Canephora *greffés sur* C. robusta.

Numéros des arbres	ANNÉES						Moyenne des six années	Moyenne des quatre meilleures années
	1918	1919	1920	1921	1922	1923		
1	2,254	0,950	0,617	2,334	3,468	2,088	1,875	2,536
2	3,212	1,065	2,153	2,490	3,607	1,539	2,344	2,712
3	1,352	0,675	0,140	1,969	2,110	1,685	1,321	1,779
4	2,131	0,631	0,851	3,350	3,510	1,187	1,941	2,644
5	1,334	0,741	1,222	2,864	1,601	1,208	1,495	1,776
6	0,931	0,430	0,731	2,951	1,597	0,694	1,222	1,543
7	1,471	0,196	0,488	2,322	0,836	0,413	0,954	1,260
8	3,874	0,770	1,482	1,156	1,032	0,989	1,700	1,987
9	1,796	0,528	0,371	1,853	2,404	0,649	1,266	1,675
10	1,573	0,346	1,958	3,036	4,718	1,787	2,234	2,776
11	0,944	0,322	0,397	1,560	1,687	1,667	1,096	1,464
12	2,472	0,287	0,887	1,869	3,208	0,623	1,557	2,043.
13	2,587	0,646	0,702	2,008	2,732	1,221	1,649	2,137
Moyenne par arbre et par an	2,000	0,580	0,890	2,290	2,570	1,210		

Les deux faiblesses de productions sont dues : en 1919, à une attaque de la « Kloet plat », et en 1920, à celle du scolyte.

Pour les autres années, la production a été beaucoup plus régulière que sur les caféiers non greffés.

3º La maturité des baies est simultanée et beaucoup plus régulière chez les caféiers greffés, que chez ceux qui ne le sont pas, lorsque les greffons proviennent d'une même souche. De plus, cette régularité se répète chaque année. Les arbustes précoces qui mûrissent leurs fruits de bonne heure une année, continueront à le faire les années suivantes ; ceux à production tardive le seront toujours. Cette régularité favorise beaucoup les travaux de cueillette et de préparation du café et il reste sur les arbustes un moins grand nombre de cerises en retard qui sont souvent la proie du borer.

4º Le volume et la forme des baies et des grains des plants greffés sont toujours à peu près identiques, ce qui donne au produit un aspect commercial plus uniforme et plus favorable.

5° Les caféiers greffés sont aptes à fournir à leur tour des greffons de même nature qui permettront de constituer de nouvelles plantations uniformes.

6° Enfin, par le greffage, il est possible de multiplier des hybrides grands producteurs dont la propagation, par semis, laisse souvent à désirer.

A côté de ces avantages, le Dr Cramer reconnaît que le greffage du caféier présente quelques difficultés, qui ne sont pas insurmontables pour des planteurs intelligents. Le travail d'établissement d'une plantation est, en effet, un peu plus compliqué que lorsqu'on utilise des sujets de semis, et il faut y penser suffisamment tôt pour réunir les plants porte-greffes et les greffons nécessaires. Il ne faut enfin greffer que des espèces ou variétés présentant une affinité suffisamment grande pour assurer une bonne soudure.

Enfin, il arrive parfois que les greffes engendrent quelques rares producteurs tardifs et faibles. Il faut s'en débarrasser et les remplacer par d'autres mieux conformés.

Il est parfaitement possible de surmonter ces quelques difficultés et le Dr Cramer en donne comme preuve la plantation de 200 bows (1 bow = 0^{Ha}709) de Kaiwisari, entièrement constituée avec des caféiers greffés.

Au début des expériences de greffage, on avait pensé, à Java, que le meilleur sujet porte-greffe était *C. liberia*, parce que plus résistant à l'anguillule ; mais, on remarqua bientôt que les greffes ainsi réalisées étaient fortement attaquées par *Hemileia*. Depuis, on semble avoir adopté *C. excelsa* comme sujet, car sa grande vigueur fait obstacle à la maladie des feuilles.

Quant aux greffons, ceux qui ont donné les meilleurs résultats, à Bangelan, ce sont ceux des hybrides *excelsa × liberia ; congensis × uganda ; liberia × arabica ; robusta × maragogipe ; robusta × liberia ; stenophylla × abeokuta ; canephora × robusta ; robusta × kouilouensis*.

C. congensis, qui est peu vigoureux par lui-même, devient robuste quand il est greffé ; de même *C. canephora* et *C. uganda* donnent comme greffons de bons résultats.

Bien que cela paraisse contradictoire, il est difficile d'unir un greffon d'une espèce vigoureuse à un sujet de même nature. Le Dr Cramer cite des échecs de greffes de *C. robusta* sur *C. kouilouensis* et de *C. Dibowsky* sur *C. excelsa*.

A Java, on a recours à la greffe en fente et à une simplification de la greffe anglaise.

A Tamatave, nous avons fait greffer par divers procédés : greffe en fente, greffe anglaise, etc., des caféiers de différentes espèces, et nous n'avons jamais éprouvé de réelles difficultés pour obtenir la réussite de ces greffes.

Dans le cas de régénération de vieilles souches, on récèpe le tronc à quelques centimètres au-dessus du sol et on laisse développer deux ou trois des rameaux gourmands, qui bientôt apparaissent. Lorsque ces rameaux ont environ un centimètre à un centimètre et demi de diamètre, on peut les greffer. Pour cela, on les sectionne à 35 ou 40 centimètres de leur base, et on taille leur extrémité en biseau allongé. On prend, sur l'arbre à multiplier, un rameau d'un diamètre égal ou légèrement inférieur à celui du sujet,

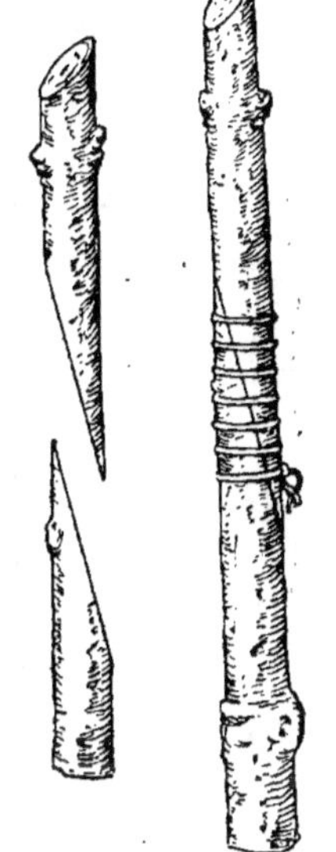

Fig. 1. — Greffe anglaise simplifiée du caféier.

on le sectionne de telle sorte qu'il conserve une paire de bourgeons, à 1 ou 2 centimètres de son extrémité supérieure. On le coupe au-dessous de cette paire d'yeux à une distance à peu près double de la longueur du biseau qui termine le sujet. On taille ensuite la base du greffon en biseau auquel on donne les mêmes dimensions qu'à celui du sujet. On applique enfin le greffon sur le sujet en ayant soin de faire coïncider leurs coupes, de telle façon que les écorces se trouvent en contact par plusieurs points ; puis on ligature la greffe, en enroulant le lien de bas en haut. On doit ensuite recouvrir les cicatrices d'un engluement qui a pour but de les soustraire à l'action de l'air et de l'eau.

On emploie également la greffe en fente pour multiplier le caféier.

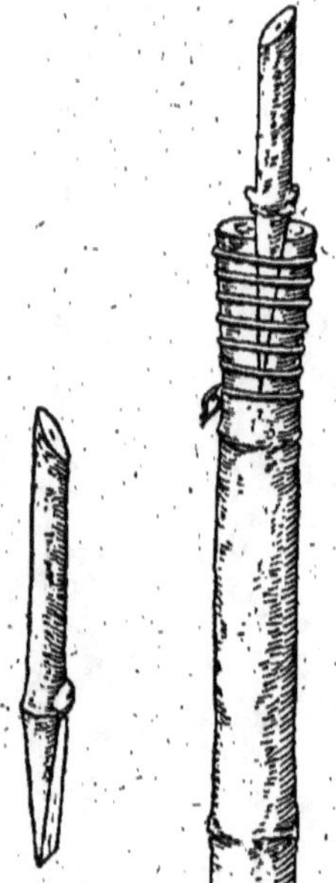

Fig. 2.
Greffe en fente
du caféier.

Dans ce cas, il est indispensable que le sujet ait près de 2 centimètres de diamètre.

On le sectionne par une coupe transversale, puis on le fend, suivant son diamètre, à l'aide d'un greffoir parfaitement tranchant. On prélève les greffons sur des rameaux ayant 8 à 10 millimètres de diamètre. On conserve au greffon une paire de bourgeons bien développés ; on le sectionne à environ 3 centimètres au-dessous et à 6 centimètres au-dessus de ces bourgeons, puis, en commençant les coupes immédiatement au-dessous des yeux, on le taille en biseau un peu obtus.

On insère ensuite le greffon dans la fente du sujet en ayant soin de bien établir le contact entre les écorces. On ligature la greffe et on applique un engluement, comme il a été dit plus haut.

On peut élever des sujets en paniers pour les greffer. On les transplante ensuite, lorsque la reprise des greffons est assurée et qu'ils ont déjà pris un développement donnant la certitude que la soudure de la greffe est parfaitement accomplie.

CHAPITRE V

———

ENTRETIEN DES PLANTATIONS

———

Le caféier est certainement une des plantes économiques de la
zone intertropicale qui souffre le plus du voisinage des mauvaises
herbes. Sous ce rapport, *C. arabica* est intransigeant et les autres
espèces, bien que moins sensibles, nécessitent cependant un entretien sérieux.

Au Brésil, l'effet pernicieux des mauvaises herbes est si bien
reconnu qu'on sarcle les caféiers jusqu'à huit et neuf fois par an.

Sur la côte Est de Madagascar, on est continuellement en lutte
contre les herbes. Sur un assez grand nombre de plantations, pour
assurer un entretien plus complet du sol, on emploie des charrues
légères ou des houes. Avec la charrue, on arrive facilement à en-
fouir la végétation qui recouvre le terrain, mais là, comme au Brésil, les passages fréquents des instruments sont une cause d'appau-
vrissement des terres.

Dans ces pays, où il pleut beaucoup, il conviendrait de diminuer les nettoyages, afin d'éviter un trop grand lavage des terres
par les pluies. Nous pensons qu'on pourrait y arriver si on prenait
le soin d'ensemencer complètement le sol avec une plante-légu-
mineuse, que l'on maintiendrait à une hauteur convenable par des
fauchages. *Leucæna glauca, Cajanus indicus, Tephrosia, Indigofera,
Crotalaria*, etc., sont autant d'espèces qui se prêteraient à ce genre
de culture. Dans les jeunes plantations, on pourrait même laisser

ces plantes s'élever à 60 ou 80 centimètres, afin qu'elles procurent aux arbustes un abri sérieux contre le vent.

Il suffirait, à mesure que les caféiers prendraient de l'ampleur, d'agrandir le cercle qui doit rester libre autour d'eux, en détruisant progressivement les plantes de couverture, pour arriver à les éliminer complètement, lorsque les caféiers se rejoignent. Maintenant et accroissant la fertilité du sol, auquel elle apporterait, au surplus, une provision constamment renouvelée d'humus, la couverture aurait, souvent, pour résultat de rendre inutiles les fumures si dispendieuses et si difficiles à appliquer dans bien des cas.

Si cette coutume n'est pas adoptée, on pourrait, en vue de diminuer les frais d'entretien, occuper les interlignes de la plantation par des cultures annuelles, telles que maïs, haricots, etc.. Les soins, les fumures mêmes, accordés à ces plantations, profiteraient aux caféiers. On remarquera que l'on pratique généralement ces sortes de cultures dans les caféières du Brésil, mais on pourrait sans inconvénient les y faire avec plus d'intensité. Les plantations sont tellement vastes, dans ce pays, que l'on ne saurait prétendre installer des cultures secondaires sur toute leur étendue. Mais on recommence très fréquemment les sarclages, et jadis on les exécutait à la main, avec une sorte de houe à long manche. Depuis plusieurs années déjà, on se sert de cultivateurs spéciaux pour biner et désherber entre les caféiers.

Dans certains pays, les planteurs avisés soumettent les cultures intercalaires à une sorte d'assolement, en ne cultivant, par exemple, qu'un interligne sur deux, chaque année.

Nous terminerons l'étude de la protection du sol contre l'action du soleil et des pluies, en attirant l'attention des planteurs sur ce fait, qu'ils iront toujours à l'encontre de leurs intérêts lorsqu'ils laisseront à nu le terrain dans les jeunes plantations.

Il est nécessaire d'entretenir un troupeau sur les exploitations pour fournir le fumier dont on aura certainement besoin dès la seconde année, afin d'activer la végétation des plants qui resteraient en retard et se développeraient plus lentement que leurs voisins. Il est en effet indispensable d'obtenir, par tous les moyens,

Caféiers du Kouilou en fleurs à Madagascar.

la plus grande régularité possible dans le développement des arbustes ; on y arrive en stimulant les plants retardataires à l'aide d'engrais appropriés. Le fumier de ferme consommé, ainsi que le compost obtenu par la décomposition en masse de débris végétaux, notamment des parches et des pulpes de café, constituent un engrais de premier ordre pour stimuler les caféiers.

Avec du fumier, il est possible de restaurer de vieilles plantations abandonnées, et de les amener à un rendement satisfaisant.

C'est avec du fumier de ferme employé à doses élevées que l'on parvient, au Tonkin, à maintenir en bon état de productivité les plantations de Caféier d'Arabie de ce pays, en dépit des attaques d'*Hemileia vastatrix*. Les planteurs du Tonkin estiment que la fumure des caféiers nécessite l'entretien d'une bête à cornes par cent arbustes.

Les propriétaires de Sao-Paolo fument parfois leurs caféiers avec des parches et des pulpes provenant de la décortication et du dépulpage des cerises. Les arbustes, dès qu'ils présentent des signes de fatigue, reçoivent 50 kilogrammes de pulpe, que l'on enterre par un labour léger, autour de leur pied, dans un cercle d'environ 1 m. 50 de rayon. L'action du fumier de ferme est beaucoup plus rapide que celle des pulpes et des parches employées seules ; on commettrait toutefois une lourde faute si on laissait perdre ces matières, car elles contiennent une notable proportion d'azote, de potasse et d'acide phosphorique qu'il y a grand intérêt à restituer au sol. Au lieu d'employer les pulpes et parches seules, on peut les mélanger au fumier qui en active la décomposition.

L'usage des engrais verts, préconisé par quelques auteurs, ne semble pas avoir fait de progrès en dehors de Java et des autres pays d'Extrême-Orient. Les plantes, dans ce cas, doivent appartenir à la famille des Légumineuses. Elles peuvent certainement rendre des services.

La fumure régulière des caféières est possible surtout dans les petites et moyennes plantations. Elle permet d'élever considérablement les rendements, tout en augmentant la durée des arbrisseaux. La méthode suivie par quelques planteurs brésiliens, qui consiste à ne fumer que lorsque les arbustes commencent à dépérir, est défectueuse, car, dans bien des cas, il est trop tard pour intervenir utilement lorsque la décrépitude se manifeste.

Il vaudrait beaucoup mieux commencer l'application des engrais peu de temps après la mise en place des plants, pour la continuer régulièrement. Les caféiers arriveraient ainsi plus vite à l'âge de la production et, en renouvelant la fumure, tous les deux ans par exemple, on les maintiendrait constamment en bon état de fertilité.

A la Guadeloupe, où les plantations sont en général d'étendue modeste, les fumures sont appliquées régulièrement et on s'en trouve très bien.

L'usage des engrais chimiques pourrait, sans doute, dans certains cas, être d'un précieux secours pour augmenter les productions.

Dafert, dans *Culture rationnelle du Caféier au Brésil*, a donné des comptes rendus intéressants d'expériences poursuivies à l'Institut agronomique de Campinas sur l'emploi des engrais chimiques dans la culture du caféier.

Nous indiquons ici quelques précautions spéciales à observer, lorsque l'on donne ces matières fertilisantes aux caféiers.

La chaux ne doit être employée qu'à très faible dose, 5 à 8 grammes par sujet dans les jeunes plantations. On obtient de bons résultats en associant la chaux dans des composts avec des matières organiques en décomposition ou encore en plâtrant les fumiers.

On ne doit pas appliquer d'un seul coup de fortes quantités d'engrais chimiques, particulièrement des sels de potasse qui peuvent occasionner des brûlures aux racines. Il vaut mieux les utiliser à petites doses souvent répétées.

Le sang desséché, les scories de déphosphoration sont d'excellents fertilisants pour le caféier, ainsi d'ailleurs que les superphosphates, les poudres d'os, etc.. On pourra donc avoir recours à ces matières, mais on devra s'assurer que leur emploi conduit à des augmentations de récolte se traduisant par des bénéfices certains.

Entre autres mélanges, Dafert préconise les suivants pour des arbres de quatre à huit ans :

MÉLANGE A
Dose par plant : 450 à 500 grammes.

	Kgr.
Sang desséché	56,9
Scories	12,4
Cendres de pulpe	30.7
	100,0

MÉLANGE B
Dose par plant : 600 à 700 grammes.

	Kgr.
Sang desséché	25,0
Scories	10,3
Tourteaux de ricin	45,9
Chlorure de potassium	18,8
	100,0

MÉLANGE C
Dose par plant : 200 à 250 grammes, plus 250 grammes de sulfate d'ammoniaque.

	Kgr.
Cendre de pulpes	64,8
Poudre d'os	35,2
	100,0

MÉLANGE D
Dose par plant 600 grammes en trois ou quatre fois.

	Kgr.
Superphosphate	12,8
Chlorure de potassium	40,3
Sulfate d'ammoniaque	46,9
	100,0

Nous donnons ces formules à titre d'exemples, mais nous nous gardons bien d'en recommander l'emploi sans essais préalables. Elles ont pu se montrer efficaces dans les terres de la Station expérimentale de Campinas, mais, en d'autres lieux, les résultats peuvent être différents.

L'apport d'engrais dans les exploitations oriente le planteur vers la culture intensive, ce qui est une chose excellente dans les circonstances économiques nées de l'après-guerre.

Nous ne croirons jamais avoir trop répété qu'une plantation moyenne, bien entretenue, assurera toujours à son propriétaire plus de bénéfice qu'une autre plus grande, dans laquelle les caféiers ne reçoivent pas tous les soins de culture désirables.

Dans les plantations où l'on aura au début placé des bananiers comme abri, il faudra veiller à ce qu'ils ne prennent pas un développement trop considérable ; on devra aussi enlever soigneusement les tiges qui auront fructifié, afin qu'elles ne s'abattent pas sur les caféiers.

Les arbres d'ombrage, *Albizzia* ou autres, doivent être dirigés et émondés quand le besoin s'en fait sentir ; si leur ombre est trop prononcée, il ne faut pas hésiter à les éclaircir. Abattre ces grands arbres, ou leur enlever des branches principales, est un travail coûteux et difficile à exécuter. On peut obvier à ces inconvénients en enlevant à l'arbre que l'on veut détruire un anneau d'écorce de 30 à 40 centimètres de longueur sur le tronc, aussi près que possible du sol. Pour les branches à supprimer, on procède de la même façon, on les écorce près de leur point d'attache avec le tronc. L'arbre ainsi traité peut rester debout un an, deux ans et même davantage. L'ensemble se dessèche peu à peu, puis les branches se détachent par fragments. Il ne reste bientôt plus que le tronc qui se décompose sur place. Par ce procédé, qui est employé couramment à la Station d'essais de Tamatave, il n'arrive jamais d'accident de personne, et l'on n'enregistre jamais de dégâts aux caféiers par la suppression d'arbres d'ombrage, même de très grandes dimensions.

On doit veiller, dès le début, à ce que les caféiers qui meurent soient remplacés par des plants nouveaux, en temps opportun, cela pour maintenir une régularité indispensable dans les cultures.

Pour les travaux d'entretien du sol, même si on fait des cultures intercalaires, on peut se servir d'instruments attelés : houes et cultivateurs de modèles divers.

Il faut, en tout cas, éviter de remuer le sol profondément au voisinage immédiat des plants, pour ne pas trop blesser les racines.

Les rigoles d'irrigation et les fossés de drainage doivent être nettoyés et mis en état fréquemment, pour leur assurer un fonctionnement régulier.

Nous verrons dans la suite la liste des ennemis qui s'attaquent au caféier ; mais la lutte contre ces ennemis fait partie de l'entretien courant des plantations. On devra donc s'attacher à contrecarrer leur action dès le début ; ce doit être là une préoccupation constante du cultivateur.

Taille et écimage. — L'utilité de la taille n'est pas universellement reconnue pour le caféier. Au Brésil, elle n'est nullement pratiquée ; les arbres se développent à leur gré. Les touffes de caféiers ainsi abandonnées à elles-mêmes prennent une forme très caractéristique. Elles atteignent de 3 à 4 mètres de hauteur, leur base se garnit d'une quantité considérable de branchettes longues et grêles, qui retombent vers le sol et qui forment ce que les planteurs appellent la « saïa », ou jupe. La jupe absorbe la plus grande partie de la sève et la tête des arbustes, ainsi abandonnés à eux-mêmes, présente souvent des signes prématurés de décrépitude.

Quelques planteurs, se rendant compte du rôle nuisible de la *Saïa*, la suppriment. Ils commencent vers la cinquième année, à couper, au ras du tronc, les branches depuis le niveau du sol jusqu'à 35 centimètres de hauteur environ. Les caféiers ainsi traités prennent une forme régulière, se garnissant de branches vigoureuses sur toute la longueur de leur tige.

On ne peut guère appeler taille l'opération sévère que, sous le nom de « poda », on inflige périodiquement aux caféiers dans les fazandas brésiliennes. La « poda » consiste à retrancher, dans la cime des arbustes, les branches mortes, et parmi les autres, celles qui paraissent être en trop ; mais elle n'obéit à aucune règle et, parfois, il vaudrait mieux ne pas appliquer cette taille barbare.

A la Guadeloupe, les caféiers cultivés dans les régions élevées, au Camp Jacob et au Matouba, subissent une taille qui a pour effet de leur imposer une forme tout à fait particulière. Ils sont tout d'abord écimés à 1 m. 25 de hauteur, puis toutes les branches latérales que portent les troncs sont enlevées à l'exception de celles composant les quatre ou cinq verticilles supérieurs. Un même caféier porte donc au plus huit à dix branches latérales (seize à vingt branches par touffe) qui s'allongent énormément, retombent vers le sol et donnent à l'ensemble de la touffe la forme caractéristique d'un parapluie ouvert. L'écimage est pratiqué dans le courant de la troisième ou quatrième année.

Dans les basses altitudes de la Guadeloupe, on n'écime pas les caféiers ; on leur donne le nom de « cafés gaulettes », tandis que les plants écimés sont nommés « cafés arrêtés ».

Par la suite, on enlève les branches et les brindilles mortes à l'intérieur des cimes, mais, en général, à la Guadeloupe, la taille proprement dite se limite aux quelques opérations qui viennent d'être indiquées.

A la Jamaïque, dans les plantations de « Blue Moutain », nous avons observé des caféiers soumis à une taille qui nous a paru très rationnelle. Dans des conditions normales de sol, les arbustes sont écimés à 1 m. 45 de hauteur, mais c'est là un maximum, et dans des conditions de sol analogues, on diminue la taille des plants dans les situations les plus exposées au vent. La qualité du terrain influe également sur la hauteur à laquelle on pratique l'écimage, et dans les parties les plus pauvres des plantations, les caféiers sont quelquefois écimés à 0 m. 65 et même 0 m. 60 de hauteur. En conditions normales, les plants écimés à 1 m. 45 subissent une taille sur les bases suivantes :

1º Tous les rameaux qui naissent sur la tige, depuis le sol jusqu'à 30 centimètres de hauteur, sont supprimés. Cette première taille peut être faite dès que les arbustes ont atteint 60 centimètres de hauteur.

2º Si le caféier croît normalement, il n'y a aucune précaution à prendre pour que les différents étages des branches primaires soient séparés par des distances convenables, cela se produit naturellement. Il n'en est pas de même des arbustes qui poussent lentement ; dans ce cas, il peut arriver que les verticilles de branches primaires soient trop rapprochés ; il faut alors en supprimer, de façon qu'il reste entre ceux qui sont conservés des intervalles de 15 à 18 centimètres au moins.

3º On supprime, sur les branches primaires, toutes les ramifications qui se développent à moins de 15 à 20 centimètres du tronc.

4º On pousse quelquefois la taille jusqu'aux branches du troisième degré, mais le cas n'est pas général.

Par la suite, on vient fréquemment enlever les ramifications qui se développent à l'intérieur des arbustes et on en profite pour appliquer des pincements aux branches qui auraient tendance à se trop développer ou à devenir des gourmands.

On obtient par ce procédé des arbustes dont l'intérieur est complètement vide, accessible, par conséquent, à l'air et à la lumière, et dont la fructification est en général très satisfaisante et très régulière.

L'utilité de l'écimage est parfois discutée. On ne peut nier, cependant, que dans les plantations dans lesquelles les caféiers ont été écimés à une hauteur convenable, la récolte ne soit facilitée dans une large mesure. Au Brésil, on cueille le café d'une manière spéciale, qui n'oblige pas à revenir plusieurs fois visiter le même pied. La hauteur des arbustes y présente donc le minimum d'inconvénients. Le cas est différent dans les pays où la cueillette se fait en quatre ou cinq fois. On comprend que, dans ces conditions, il serait fort dispendieux de transporter à chaque fois de longues échelles pour explorer la partie supérieure des caféiers. Au surplus, l'écimage, en limitant la hauteur des touffes, les oblige à prendre de l'ampleur par le bas, ce qui augmente leur résistance au vent.

Nous conseillons au planteur de ne point manquer d'écimer *C. robusta*, *C. canephora*, *C. kouilouensis*, *C. liberica*. Les trois premières espèces, abandonnées à elles-mêmes, croissent très rapidement en hauteur et perdent toutes leurs branches inférieures, en sorte que la fructification, chez les arbres âgés de huit à dix ans, ne se produit plus que dans la partie supérieure. La récolte, qui se trouve ainsi réduite à peu de chose, est de plus très difficile à exécuter.

Ces caféiers demandent à être arrêtés une première fois à environ 1 m. 25 au-dessus du sol, de façon à permettre aux branches de la base de prendre de la force. Mais on doit toujours supprimer les branches qui se développent à la base de la tige, jusqu'à 30 à 40 centimètres de hauteur.

L'écimage provoque la formation, au sommet de la tige, de gourmands vigoureux. On n'en conserve qu'un, le plus fort, qui, dirigé verticalement, prolonge la tige. On l'écime lui-même, de telle sorte que la taille définitive de l'arbuste varie entre 2 mètres et 2 m. 50.

On applique ensuite la même taille que celle qui a été décrite plus haut pour la Jamaïque.

Il faut passer fréquemment dans les plantations pour enlever les branches, ou parties de branches, qui se dessèchent souvent après une fructification trop abondante. De nombreux gourmands se forment sur le tronc des caféiers, surtout près du sommet ; il est nécessaire de les enlever dès qu'ils apparaissent.

Toutefois, les gourmands servent en certains cas dans la réfection d'arbustes fatigués par une production excessive. Il faut choisir ceux qui sont le mieux placés pour remplacer les branches mortes ou décrépites.

En ce qui concerne *C. liberica*, si on le laissait croître librement, pour peu que les plantations soient un peu serrées, cette espèce atteindrait rapidement 10 et même 12 mètres de hauteur. Dans de pareilles conditions, la cueillette ne serait pas possible, d'autant que la maturité des fruits étant très irrégulière, il faut passer plusieurs fois chaque année pour effectuer la récolte.

Pour laisser à cette plante, si vigoureuse, la possibilité de prendre un développement suffisant, il faut l'écimer à une hauteur variant de 2 m. 25 à 2 m. 75. Il sera bon de supprimer également les branches du bas jusqu'à une hauteur de 40 centimètres au-dessus du sol.

Comme pour les autres espèces, il faut visiter souvent les plantations pour enlever les gourmands qui se développent fréquemment au sommet des tiges.

Il est à peine utile d'ajouter que la taille doit toujours être exécutée avec des instruments parfaitement aiguisés, et qu'il est prudent de recouvrir les plaies de quelque importance à l'aide d'un mastic.

Lorsqu'on écime les caféiers directement au-dessus du dernier verticille de branches, il arrive que le poids des deux branches supérieures, chargées de fruits, fasse éclater et fendre la tige du haut en bas. On évite cet inconvénient en supprimant une des branches du verticille supérieur, ou bien en écimant la tige au-dessus d'un verticille dont on supprime les deux branches.

Recepage. — Lorsque les caféiers commencent à vieillir, et qu'ils présentent un aspect de décrépitude assez accusé, il faut les restaurer, si on ne veut voir décroître les récoltes d'année en année. Pour arriver à ce résultat, on coupe les arbres à quelques centimètres au-dessus du sol. Il se développe ensuite, autour de la plaie, de nombreux gourmands, parmi lesquels on conserve les deux ou trois plus vigoureux pour reconstituer une nouvelle touffe, dont on pourra obtenir encore plusieurs récoltes.

Pour activer la restauration des plants recepés, il est tout indiqué de leur appliquer une copieuse fumure au moment du recepage.

Lorsque, comme au Brésil ou à la Guadeloupe, on met plusieurs caféiers dans la même touffe, il est inutile de laisser trois gourmands sur chacune des tiges rabattues, un seul, deux au plus, suffiront largement.

Il n'y a pas de moment fixe pour procéder à la restauration des plantations. Les caféiers ne s'épuisent pas tous avec la même rapidité, et le recepage doit être pratiqué lorsque les sujets présentent les signes d'un affaiblissement certain, et que leur production, devenue insuffisante, n'est plus stimulée par les fumures.

Au Brésil, dans les bons terrains, on estime que le recepage doit commencer vers la vingtième ou la vingt-cinquième année qui suivent la plantation.

CHAPITRE VI

FRUCTIFICATION. — RÉCOLTE DU CAFÉ
RENDEMENT ET DURÉE DES CAFÉIÈRES

L'âge auquel le caféier entre en production est très variable. Le climat, le sol, les méthodes de culture exercent des influences en sens divers pour faire varier l'époque de la première récolte.

Les variétés d'une même espèce n'ont pas toutes la même précocité, c'est ainsi que le café « Nacional » du Brésil est plus tardif que le café Bourbon. Mais c'est entre les diverses espèces que les différences sont surtout marquées.

Pour *C. arabica*, on peut compter sur une récolte intéressante dès la quatrième année qui suit le semis. A la cinquième année, le rapport est suffisant pour couvrir les frais d'entretien de la plantation et le plein rendement arrive vers l'âge de huit à dix ans.

C. robusta, *canephora*, *kouilouensis* sont plus précoces ; dès l'âge de deux ans, ils commencent à fructifier, et quand elles sont plantées dans des terres fertiles, ces espèces peuvent donner, vers trois ans, des récoltes atteignant plusieurs centaines de kilogrammes à l'hectare. Le plein rendement arrive vers la sixième ou la septième année.

C. liberica est le plus tardif et ce n'est guère que vers l'âge de six ans qu'il donne une récolte intéressante. Il n'arrive au plein rapport que vers douze ans. Cependant, dans les situations favorisées, on obtient quelquefois une petite récolte vers la quatrième année.

Avec les engrais, il semble évident que l'on puisse hâter la production. C'est ainsi que Dafert a obtenu, d'arbustes de trois ans, jusqu'à 1 kgr. 800 de café marchand, en leur donnant des engrais appropriés.

Les rendements sont très variables ; et pour les apprécier justement, il faut les calculer à l'unité de surface et non pas par pied de caféier.

Il convient aussi de remarquer que la fructification du caféier, comme d'ailleurs celle de nos arbres fruitiers, n'est pas régulière. A une ou plusieurs bonnes récoltes succède ordinairement une série moins satisfaisante.

Pour *Coffea arabica*, c'est certainement le Brésil qui obtient les récoltes les plus considérables. Nous avons visité des « fazendas », où l'on recueillait en moyenne 1 kgr. 500 de café marchand par plant, soit 1 200 kilogrammes à l'hectare.

Beaucoup de « fazendas » obtiennent des récoltes plus fortes encore, notamment celles des régions de Riberao Preto, où les rendements moyens atteignent 1 800 kilogrammes par hectare, et de Sao Manoel, où, sur certaines plantations privilégiées, en bonne année, on a cueilli jusqu'à trois et même quatre tonnes de café sec à l'hectare.

Dans les Etats producteurs de café du Brésil, les rendements moyens sont : de 333 kilogrammes à l'hectare en sol épuisé, comme ceux des anciennes régions à café de l'Etat de Rio-de-Janeiro ; de 800 kilogrammes à l'hectare dans les terres encore fertiles et de 1 300 à 1 500 kilogrammes dans les terres « roxas » vierges. Dans ces dernières terres, avec des engrais, on peut récolter couramment plus de 2 tonnes de café à l'hectare.

A la Guadeloupe, la production dans les plantations du Camp Jacob est de 600 kilogrammes à l'hectare, ou de 240 grammes par touffe de caféier.

A la Jamaïque, dans les régions montagneuses, on obtient de 650 à 700 kilogrammes de café à l'hectare. Les récoltes de Java sont sensiblement supérieures à ces derniers chiffres.

Le Brésil étant considéré à part, on peut admettre qu'une récolte de 600 à 700 kilogrammes à l'hectare est satisfaisante, et qu'elle devient très bonne quand elle atteint 800 à 1 000 kilogrammes. Ceci bien entendu lorsqu'il s'agit du caféier d'Arabie.

Coffea robusta et ses variétés, *C. robusta* de Java, *robusta* du Congo, *C. canephora*, le *Canephora robusta* et *C. kouilouensis* sont beaucoup plus fertiles et, dans les très bonnes terres, on peut obtenir de ces espèces jusqu'à 2 500 kilogrammes de café marchand à l'hectare, vers six à sept ans.

Dans des sols de qualité ordinaire, avec ces dernières espèces, on peut compter sur des rendements allant de 800 à 1 500 kilogrammes. Sur les collines du versant Est de Madagascar, on récolte de 300 à 500 kilogrammes de café marchand à l'hectare, mais en terres alluviales, de bonne fertilité, les caféiers produisent entre 700 à 1 200 kilogrammes à l'hectare.

La fécondité de *C. liberica* varie suivant la qualité des terres où il pousse. En très bon sol, il n'est pas exagéré d'envisager des récoltes de 1 000 à 1 200 kilogrammes à l'hectare, mais en terres médiocres, le rendement tombe au-dessous de 350 kilogrammes.

Durée des plantations. — Il est difficile d'indiquer, d'une façon générale, le temps que peut durer une caféière, la longévité des arbustes étant très variable, suivant les régions.

Au Brésil, dans l'Etat de Sao-Paolo, on estime que la production diminue entre les vingt-cinquième et vingt-huitième années, le caféier Bourbon y décline même vers la vingtième année.

Par le rabattage, on prolonge l'existence des plantations et on trouve, dans les environs de Campinas, des caféiers de 70 ans de la variété « Nacional », produisant encore 750 kilogrammes de café marchand par mille pieds.

Dans les basses altitudes de la région équatoriale, les caféiers ne donneront des rendements intéressants que jusqu'aux environs de la vingtième année. Mais leur durée peut y être prolongée de beaucoup par la pratique raisonnée de la fumure.

Cueillette des cerises. — La maturité des cerises se produit huit ou dix mois après la floraison. *C. arabica* mûrit parfois très irrégulièrement. C'est ainsi que dans certains pays, les arbustes portent des baies mûres pendant toute l'année. C'est le cas à la Jamaïque, du moins dans les plantations situées en montagnes. Mais, même dans ce dernier pays, c'est surtout de mars à mai inclus que se produit la principale récolte.

A la Guadeloupe, sans être complètement régulière, la maturité du café a lieu principalement en novembre et décembre ; les arbustes y sont donc dépourvus de baies mûres pendant la plus grande partie de l'année.

Dans le centre de Madagascar, vers 1 000 mètres d'altitude, *C. arabica* mûrit de juin à août inclus ; sur la côte Est *C. robusta* et *C. canephora* produisent de mai à septembre, tandis que *C. kouilouensis* donne ses fruits pendant les mois de mai et juin.

Au Brésil, dans les Etats de Sao-Paolo et Minas-Geraes, la maturité du café commence fin avril et s'achève fin août. Le reste de l'année les arbustes ne portent pas de baies mûres.

C. liberica porte simultanément des baies à tous les états de développement, depuis la cerise mûre jusqu'à celle qui vient de se former. La cueillette s'en trouve très compliquée, en ce sens qu'elle oblige à passer fréquemment dans les plantations pour récolter les baies mûres. Les cerises de *liberica* persistent, toutefois, sans tomber, pendant très longtemps sur les arbres, où elles se dessèchent, en conservant leurs grains intacts.

Si l'on désire obtenir un café de qualité, il est nécessaire de ne cueillir les baies que lorsqu'elles sont arrivées à leur complète maturité, ce qui oblige à faire passer fréquemment les ouvriers dans la plantation pour recueillir les fruits mûrs.

Dans ces conditions, lorsque, comme à la Jamaïque, la maturité se produit irrégulièrement, la récolte dure presque toute l'année. Cette situation n'est pas sans présenter de sérieux inconvénients, surtout dans les pays où la main-d'œuvre est rare et chère ; car elle complique les opérations de récolte et augmente d'autant le prix de revient du café.

Les femmes et les enfants sont employés à la récolte du café. On les fait généralement travailler à la tâche. On doit veiller à ce que les cueilleurs ne brisent pas les branches et on apportera la plus grande attention à ne pas laisser détruire les bourgeons floraux de la récolte suivante. Les fruits cueillis sont placés dans des paniers ou dans des sacs, apportés à l'usine, ou bien déposés en des points déterminés de la plantation, où on en prend livraison après avoir mesuré ou pesé les récoltes de chaque ouvrier, pour fixer leur rémunération.

La cueillette ne commence que lorsque la majeure partie des cerises est à maturité. Il n'y a pas, cependant, de variété qui ait une maturité assez régulière pour permettre d'effectuer la récolte en une seule fois. C'est ainsi qu'à Madagascar, les cueilleurs doivent passer au moins deux fois pour *C. kouilouensis* qui est, de toutes les variétés cultivées en ce pays, celle qui mûrit ses fruits avec le plus de régularité. Pour les diverses formes de *C. robusta* et *C. canephora*, il est nécessaire de faire la cueillette annuelle en quatre ou cinq fois.

Au Brésil, la récolte se pratique d'une manière très particulière. Cette méthode est imposée par l'étendue considérable des plantations et l'effectif relativement faible des travailleurs. La cueillette s'exécute généralement en une seule fois ; on commence par la récolte des parcelles dont la maturité est le plus avancée.

On opère la récolte suivant deux procédés : méthode de terre ou « da terra » et méthode au linge ou « da linçol ».

La méthode « da terra » est la plus suivie ; elle entraine, quelque temps avant la cueillette, la nécessité de faire un nettoyage complet du sol. Cette opération consiste à retirer, à l'aide d'un balai, d'un râteau ou d'une raclette toute la terre meuble, les feuilles et les brindilles qui se trouvent sous les caféiers et à en former un billon circulaire tout autour des plants. Le rayon du cercle ainsi fait est d'environ la moitié de la distance qui sépare les arbustes entre eux.

Pour la récolte, on saisit chaque branche séparément, et on la débarrasse entièrement de ses fruits en faisant glisser la main droite fermée, depuis la base de la branche jusqu'à l'endroit où se trouve le dernier paquet de fruits.

Fruits à divers états de maturité, feuilles et branchettes détachées par les cueilleurs tombent sur le sol. On ramasse ce mélange à l'aide d'un râteau ou d'un balai, et on le débarrasse, aussi bien que possible, des feuilles et des brindilles avant de le mettre en panier ; après quoi, on le porte à l'endroit indiqué pour la réception du café récolté.

Dans la méthode « da linçol », on étend de grandes bâches sous les arbustes et c'est sur elles que tombent les fruits qui sont détachés des branches suivant le procédé expéditif décrit plus haut, qui rappelle la manière dont procèdent chez nous les cueilleurs de feuilles d'ormeaux pour la nourriture des animaux.

Une cueillette ainsi faite prête certainement à critique ; elle ne permet pas d'obtenir des cafés de qualités fines, et elle entraîne un certain déchet. On ne voit toutefois pas comment on pourrait procéder autrement dans les grandes « fazendas » brésiliennes.

Le rendement des baies mûres en café marchand est assez variable, suivant les variétés considérées, suivant l'âge des arbres, l'état de maturité des baies, etc.. Toutefois, on admet que 5 à 6 kilogrammes de baies bien mûres de *C. arabica* fournissent un kilogramme de café préparé.

Le rendement est sensiblement plus élevé pour *C. robusta* et *C. canephora*, mais il varie encore suivant les variétés de ces espèces.

C. kouilouensis donne un kilogramme de café marchand pour 3 kgr. 800 de baies, tandis qu'avec *C. robusta* de Java, il faut 4 kgr. 500 de cerises pour donner un kilogramme de café préparé. Les autres variétés de *C. robusta*, ainsi que *C. canephora*, donnent un kilogramme de café sec pour 4 kilogrammes de cerises environ.

Pour le Libéria, on compte qu'il faut de 10 à 11 kilogrammes de cerises pour fournir un kilogramme de café marchand, mais les jeunes arbustes très vigoureux produisent des fruits dont la pulpe est si épaisse que 15 kilogrammes de ces fruits suffisent à peine pour donner un kilogramme de café commercial. Tous ces chiffres ont une grande importance pratique, car le prix de revient du pro-

Vue prise dans la région caféière de Riberao-Preto, Sao-Paolo.
A remarquer que les cultures intercalaires ne sont pas faites dans tous les interlignes.

Vue prise dans une caféière brésilienne ; à remarquer les cultures de maïs en bordure du chemin.

duit préparé est d'autant plus élevé qu'il faut traiter une plus grande quantité de matière première pour l'obtenir.

Et il est indiscutable que la dépense pour préparer un kilogramme de café de Libéria est au moins quatre fois supérieure à celle qu'il faut envisager pour traiter une quantité égale de café d'Arabie ou de café *robusta*.

CHAPITRE VII

PRÉPARATION DU CAFÉ

Après la récolte, les cerises de caféier doivent être soumises à une préparation spéciale en vue d'obtenir le produit destiné à la vente. Cette opération a une très grande importance et on ne saurait trop insister sur les soins qu'il est nécessaire d'y apporter. Elle a sur le produit une grande influence, et dans bien des cas, la valeur des cafés du commerce dépend autant de la façon dont ils ont été préparés que de leurs qualités propres. Il est donc nécessaire que les planteurs accordent beaucoup de soins au travail de préparation de leur café.

Les méthodes pour traiter le café et le rendre commercial sont assez variées. Il est cependant possible de les ramener à deux types généraux : méthode humide et méthode sèche.

Les auteurs qui ont étudié la question prétendent que la méthode sèche donne des cafés meilleurs que l'autre.

La chose n'est pas prouvée, mais ce qui est sûr, c'est que les cafés traités par la méthode humide ont un aspect plus satisfaisant que les autres et si leur arome est moins fin, leur valeur commerciale est plus grande.

Remarquons d'ailleurs que les cafés de la Guadeloupe, de Java, de la Jamaïque, qui sont parmi les meilleurs, sont tous préparés par la méthode humide, dont l'application est simple et mieux adaptée aux besoins des grandes exploitations.

On n'est d'ailleurs pas toujours libre de choisir le mode de préparation que l'on voudrait. Pour traiter le café par la méthode humide, lorsque la quantité en est importante, il est indispensable de disposer de beaucoup d'eau et si cet élément manque, on est bien obligé de soumettre le café au procédé sec. Dans les pays à climat très pluvieux, le procédé humide a pour effet de réduire considérablement la durée des opérations de séchage et il s'impose absolument. Enfin, pour le café de Libéria, il est pratiquement impossible de recourir à la méthode sèche.

Dans les grandes « fazendas » brésiliennes, on construit de véritables usines pour traiter le café. Les soins apportés à cette opération, qui porte au Brésil le nom de « bénéficiamento », corrigent, dans une large mesure, les inconvénients de la cueillette décrite plus haut. Les « fazenderos » brésiliens, qui se sont toujours débattus dans de grandes difficultés pour la main-d'œuvre, ont su aménager leurs usines de « bénéficiamento », avec beaucoup d'ingéniosité, et il serait difficile de faire mieux sous ce rapport.

Aussi, croyons-nous utile de décrire la préparation du café telle qu'elle est réalisée au Brésil. Nous indiquerons ensuite les modifications qu'on peut lui apporter pour l'adapter aux conditions des colonies françaises.

Nous exposerons tout d'abord la méthode humide, car après les premières opérations, les deux procédés se confondent et peuvent être étudiés simultanément.

Préparation humide. — Elle comporte les opérations suivantes : 1º lavage du produit récolté ; 2º macération ; 3º dépulpage ; 4º fermentation du café en parche ; 5º lavage du café en parche ; 6º séchage du café en parche ; 7º décortication ; 8º triage et classification du café décortiqué.

La condition indispensable et préalable pour réaliser la préparation humide, est de disposer d'une quantité d'eau suffisante.

Il faut, de plus, que l'eau arrive par la partie supérieure de l'usine, afin que cet élément assure naturellement tous les transports que doit subir le café au cours de l'opération.

Nous avons vu précédemment que, dans certaines circonstances, le café récolté est amené des plantations à l'usine par des rigoles où l'eau coule en abondance ; c'est le cas le plus rare. Ordinairement, il est transporté dans des chariots qui le déversent directement dans le « lavador » ou lavoir.

L'utilité du lavoir est considérable au Brésil, où, comme on l'a vu, la cueillette est faite d'une façon rudimentaire, et donne des

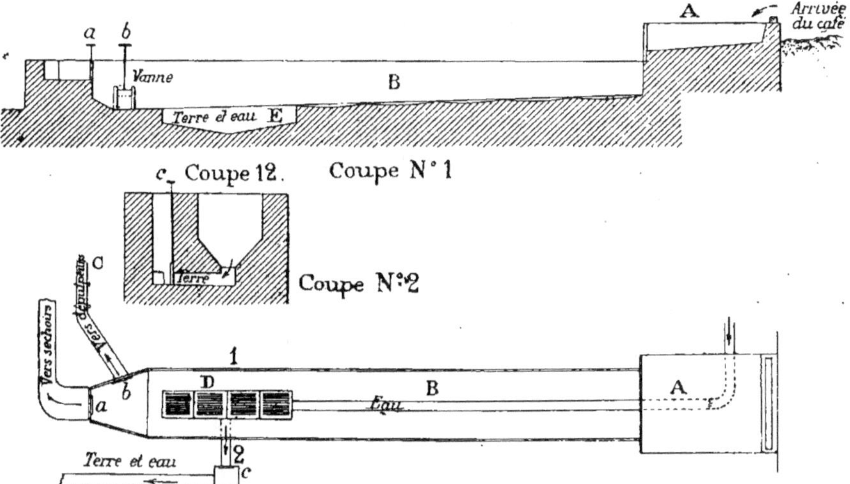

Fig. 3. — Lavoir d'une usine à préparer le café du Brésil (échelle de 1 cm. par mètre).

cerises à divers états de maturité et mélangées à des feuilles, à de la terre, à des pierres et à des brindilles.

Ce mélange ne peut passer tel quel dans les dépulpeurs. Le lavoir a pour utilité de trier, d'après leur densité, les diverses parties qui le composent.

La figure 3 représente en plan et en coupe un lavoir existant dans une plantation brésilienne.

Cet appareil se compose d'une sorte de trémie A, dans laquelle on dépose le café arrivant de la plantation. Cette trémie précède un bassin B de 15 mètres de long, de 1 m. 50 de large et dont la profondeur, dans sa partie la plus élevée, située immédiatement après la trémie A, est de 0 m. 90, alors qu'elle est de 1 m. 10 à l'extrémité opposée.

Dans la partie la plus basse du bassin se trouvent les vannes *a* et *b*, donnant accès aux rigoles par lesquelles doit passer le café. Le fond du bassin est, comme le montre la coupe n° 2, en forme de trémie allongée. Les deux parois inclinées ne vont pas se rejoindre à la base, elles viennent aboutir à une rigole de 0 m. 20 de large qui occupe toute la longueur du bassin.

Le fond de cette rigole est aménagé d'une façon particulière, dont on se rendra compte par l'examen de la coupe n° 1 : il présente des excavations de 2 mètres de longueur et de 0 m. 10 de profondeur dans leur partie la plus accentuée.

A l'extrémité opposée à la trémie A, la rigole aboutit à un conduit E, recouvert d'une grille D, qui débouche par une vanne se levant à volonté sur le côté du bassin C.

Le café étant déposé dans la trémie A, dont le fond est fortement en pente, on le fait passer dans le bassin B, où il est entraîné par un violent courant d'eau arrivant à la partie supérieure.

A mesure que l'eau monte dans le lavoir, il se forme diverses couches dans la masse du café. Les cerises mûres et presque mûres, plus lourdes que l'eau, tombent au fond du bassin ; celles qui sont incomplètement développées, plus légères, montent à la surface, en même temps que les grains qui ont séché avant la maturité et que les feuilles et les brindilles. Les pierres et la terre vont directement au fond du bassin.

Lorsque le lavoir est plein d'eau, on ouvre la vanne *a*, le liquide s'écoule jusqu'à ce qu'il ait atteint la base de la vanne, et il entraîne avec lui tout le café léger, les feuilles et les brindilles, que l'on dirige directement sur les séchoirs.

Ensuite on ouvre la vanne *b* ; ce qui reste de l'eau se précipite dans la rigole C, entraînant avec elle le café mûr, les pierres et la terre. Les pierres, trop lourdes, ne vont pas jusqu'à l'orifice de la vanne, elles s'arrêtent dans les excavations du fond de la rigole à la partie inférieure du lavoir. La terre seule suit le café, mais, en passant sur la grille D, elle tombe entre les barreaux dans le conduit E.

Lorsque le café est complètement sorti du lavoir, il suffit d'ouvrir la vanne C et de laisser couler l'eau pour que la terre tombée dans le conduit E soit rejetée au dehors. En enlevant la grille, l'eau peut même entraîner les pierres au dehors. On replace ensuite cette grille, on ferme les vannes et l'appareil, de nouveau, est prêt à fonctionner.

Le lavoir décrit ici peut alimenter un dépulpeur traitant de 60 à 80 000 litres de cerises par jour.

Lorsque les cerises sont mélangées à une grande quantité de terre, au lieu de procéder comme il vient d'être indiqué, on opère

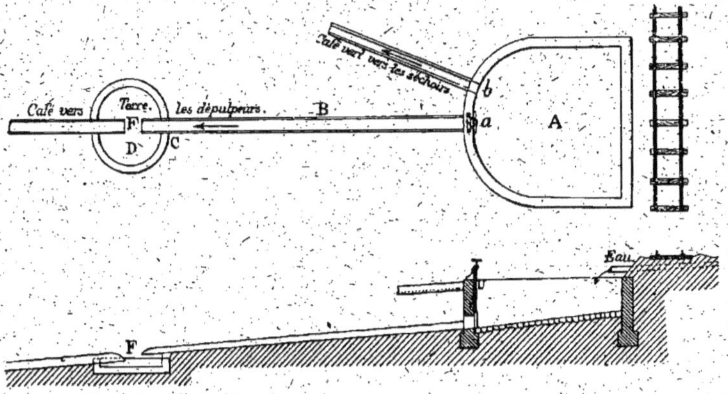

Fig. 4. — Lavoir brésilien (l'intervalle F est très exagéré sur la figure).

autrement. La vanne *c* reste ouverte dès le début de l'opération, l'eau qui arrive dans le lavoir en même temps que les cerises s'écoule librement. Lorsqu'elle se montre claire, la terre étant presque toute enlevée, on ferme la vanne *c* et l'appareil reprend son fonctionnement ordinaire.

Ce type de lavoir n'est pas le seul utilisé au Brésil, chaque planteur a, pour ainsi dire, le sien.

La figure 4 représente, schématiquement, en plan et en coupe, un lavoir existant dans une plantation des environs de Riberao-Preto.

Le bassin A possède deux vannes, l'une *a*, s'ouvrant à la partie la plus basse et l'autre *b* s'ouvrant sur le côté à une certaine hauteur dans la paroi.

Les deux vannes étant baissées, on remplit le bassin d'eau, on y jette ensuite les cerises provenant directement des plantations. La terre, les pierres et le café mûr tombent au fond du bassin, tandis que le café léger, vert ou sec, les brindilles et les feuilles, ce qu'en un mot les Brésiliens appellent « boia », montent à la surface. Au moment jugé convenable, on ouvre la vanne *b*, la « boia » est entraînée directement vers les séchoirs. Ensuite, on lève la vanne *a*, le café mûr, la terre et les pierres sont conduits dans la rigole B qui les dirige vers les dépulpeurs. En passant sur la grille C, les petits graviers et le sable tombent dans le bassin D.

Entre l'extrémité de la grille C et le fond maçonné de la rigole, on laisse, au-dessus du petit bassin D, un intervalle que le café, entraîné par la vitesse de l'eau, franchit facilement. Les pierres, trop volumineuses pour traverser la grille C, courent sur le fond de la rigole, et ne pouvant franchir la solution de continuité, tombent dans le bassin D. Le café mûr, séparé des pierres et de la terre, continue sa route et va aux dépulpeurs.

La figure 5 reproduit un lavoir qui sert à laver le café en cerises, séché au préalable, sur des séchoirs de terre battue, avant d'être envoyé aux décortiqueurs. Ce lavoir se compose d'un bassin A, d'environ 2 mètres de profondeur, qui possède une vanne A s'ouvrant à la partie la plus basse et débouchant sur une rigole C.

A l'avant du bassin, la paroi présente une échancrure *b* qui a environ 0 m. 40 de hauteur.

La vanne *a*, étant fermée, on jette le café sec dans le bassin en même temps que l'eau y arrive. Le café plus léger surnage, tandis que les pierres et la terre tombent au fond.

Lorsque l'eau atteint la base ou l'échancrure *b*, elle s'échappe au dehors, entraînant avec elle le café qui surnage et qui tombe dans une trémie B en maçonnerie, présentant, au fond, une large ouverture communiquant avec la rigole C. L'eau et le café s'engagent dans cette rigole et sont conduits par des séries de petits canaux et de vannes sur des séchoirs.

Lorsqu'il y a au fond du bassin une quantité importante de terre et de pierres, on suspend l'arrivée de café, et lorsqu'il n'en surnage plus à la surface de l'eau, on ouvre la vanne *a*. L'eau se précipite avec force, entraînant la terre et les pierres pour les rejeter au dehors par la rigole C ou par une rigole spéciale.

Tous les planteurs ne séparent pas le café mûr de la *boia* dans le lavoir. Cette séparation peut très facilement être faite dans les

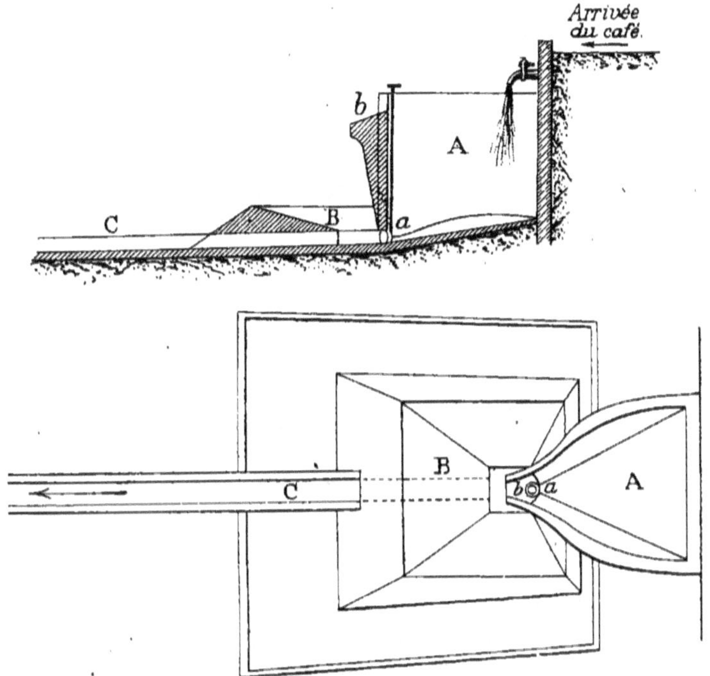

Fig. 5. — Bassin de lavage des plantations Schmidt (schéma).

rigoles, le lavoir et les bassins qui précèdent les dépulpeurs, entre un système de vannes approprié.

La figure 6 représente, schématiquement, en plan et en coupe, un dispositif très simple pour séparer, dans les rigoles, la « boia » du café mûr.

Le café, tel qu'il arrive des plantations, chemine dans la rigole A entraîné par un fort courant d'eau. Il se forme rapidement deux couches. L'une, inférieure, glisse sur le fond de la rigole ; elle contient les cerises mûres, tandis que la *boia* surnage.

La paroi latérale de la rigole présente une échancrure *a* qui ne va pas jusqu'au fond. Une partie de l'eau et le café qui surnage partent naturellement par l'échancrure *a*. On peut facilement forcer toute la *boia* à passer par cette ouverture, en disposant au delà et en travers de la rigole A, un barrage *b* convenablement réglé, qui la retient sans gêner le passage du café mûr.

Il existe plusieurs dispositifs pour trier les pierres mélangées au café ; celui représenté par la figure 4 est parmi les plus pratiques.

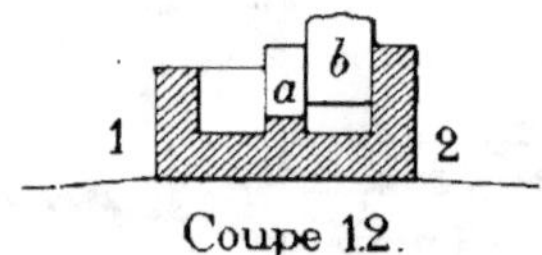

Coupe 12.

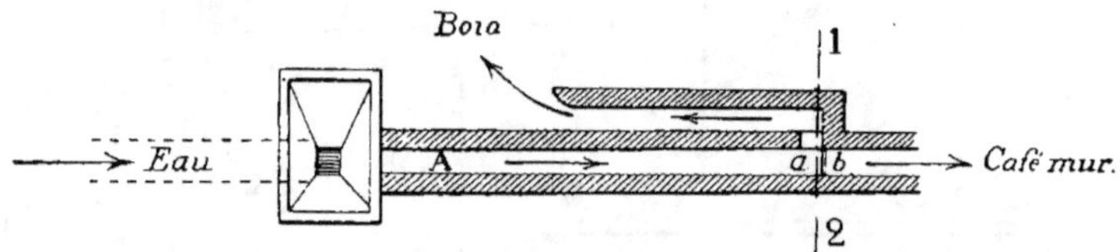

Fig. 6. — Dispositif employé pour séparer la boia du café mûr dans les rigoles.

Il est toujours utile que le lavoir ait un exutoire recouvert d'une grille, cela afin qu'il soit possible de laver soigneusement le café avant de le diriger vers les dépulpeurs. La figure 3 présente à cet égard un dispositif pratique, décrit plus haut d'ailleurs.

Bassins de macération. — Les bassins dans lesquels on laisse macérer les cerises, avant de les envoyer aux dépulpeurs, sont encore des installations spéciales aux « fazendas » brésiliennes.

Ces bassins sont rendus indispensables par le système de cueillette pratiqué dans ces fermes ; malgré tout, en effet, le lavoir ne permet pas de séparer, d'une façon parfaite, les cerises mûres de celles qui le sont moins.

La macération a pour but de provoquer le ramollissement des

fruits incomplètement mûrs, afin que les dépulpeurs puissent en déchirer l'enveloppe et en extraire les amandes.

Lorsque les bassins de macération contiennent une quantité de café jugée suffisante, on ouvre une vanne grillagée, l'eau s'écoule, laissant les cerises dans le bassin. Elles y restent de vingt-quatre à soixante-douze heures, suivant leur état de maturité. Il serait, croyons-nous, nécessaire de faire macérer, assez longtemps, les baies de café Libéria dont la chair coriace est très difficile à déchirer, même quand la maturité en est complète.

Les bassins à macérer ne présentent rien de particulier, leur fond est en pente, et au point le plus bas, il existe une ouverture fermée par une vanne mobile. Lorsque cette vanne est enlevée et qu'on amène un fort courant d'eau, les cerises entraînées par le liquide sont conduites directement aux dépulpeurs.

Dépulpeurs. — Des bassins de macération, le café est conduit, par l'eau, aux dépulpeurs. Ces machines sont agencées pour écraser les fruits et en extraire les fèves.

Il existe plusieurs modèles de dépulpeurs. Au Brésil, on emploie souvent un appareil à deux corps, dans lequel les cerises, après avoir traversé le premier corps, tombent dans un cylindre trieur qui laisse échapper les grains dépulpés, tandis qu'il conduit au second corps les baies qui sont restées intactes.

Ce dispositif est rendu nécessaire au Brésil, parce qu'en dépit de la macération, les baies n'étant pas toutes au même degré de maturité, offrent une résistance variable à l'action du dépulpeur. Dans les pays où l'on récolte le café à maturité complète, les dépulpeurs à un seul corps suffisent. Notons que les baies *C. robusta* et *C. canephora*, cueillies bien mûres, se dépulpent sans difficulté avec n'importe quelle machine.

Il n'en est pas de même des fruits de *C. liberica*. Les appareils ordinaires les écrasent et les déchirent difficilement.

Aussi, en dépit des précautions prises, il reste dans les pulpes, beaucoup de cerises entières. La perte peut, de ce fait, s'élever jusqu'à 15 p. 100. Les Hollandais de Java, qui ont apporté une attention spéciale à la préparation du *Libéria*, ont depuis longtemps cherché des machines spécialement adaptées à la préparation de ce café. Après bien des tâtonnements, ils sont parvenus à construire des dépulpeurs qui traitent le Libéria d'une façon très satisfaisante.

La première machine qui fut mise sur le marché était connue sous le nom de *Butin-schaap*. Elle travaillait convenablement, mais elle était volumineuse et d'un prix élevé. Elle nécessitait, de plus, l'emploi d'un appareil préparatoire qui rendait l'installation encore plus onéreuse et augmentait notablement la force nécessaire pour la mouvoir.

On dut chercher autre chose et l'on aboutit à la construction de deux machines simples. Ce sont les dépulpeurs *Graafland* et *Voolarding*. Nous avons introduit ces machines à Madagascar, où elles donnent satisfaction, mais, bien que construites en trois modèles, elles nécessitent toujours l'emploi d'un moteur, et ne conviennent pas aux toutes petites exploitations.

La perte avec la machine *Graafland* est réduite à 1 ou 2 p. 100 sous forme de fruits entiers qui passent dans les pulpes. Au surplus, ces machines séparent parfaitement les grains en parche des pulpes, ce qui est un avantage appréciable.

Les dépulpeurs pour *C. arabica* sont de deux types, ceux à cylindres et ceux à disques.

Les premiers se composent d'un cylindre de 30 à 60 centimètres de longueur et de 30 à 40 centimètres de diamètre, dont la paroi en forte tôle de cuivre est hérissée d'aspérités obtenues en repoussant le métal de l'intérieur vers l'extérieur. Ce cylindre tourne devant une plaque de caoutchouc durci, séparée de lui par un intervalle réglable à volonté. Les baies de café, amenées par l'eau, sont entraînées entre le cylindre et la plaque ; mais l'espace qui les sépare étant trop faible pour les laisser passer entières, elles sont déchirées et les fèves extraites des pulpes.

Les dépulpeurs à disque sont composés d'une plaque de cuivre circulaire munie d'aspérités, laquelle tourne à faible distance devant une contre-plaque fixe, les cerises prises entre ces deux plaques sont déchirées et les grains s'en échappent.

Les modèles à cylindre, sans doute mieux adaptés à la prépara-

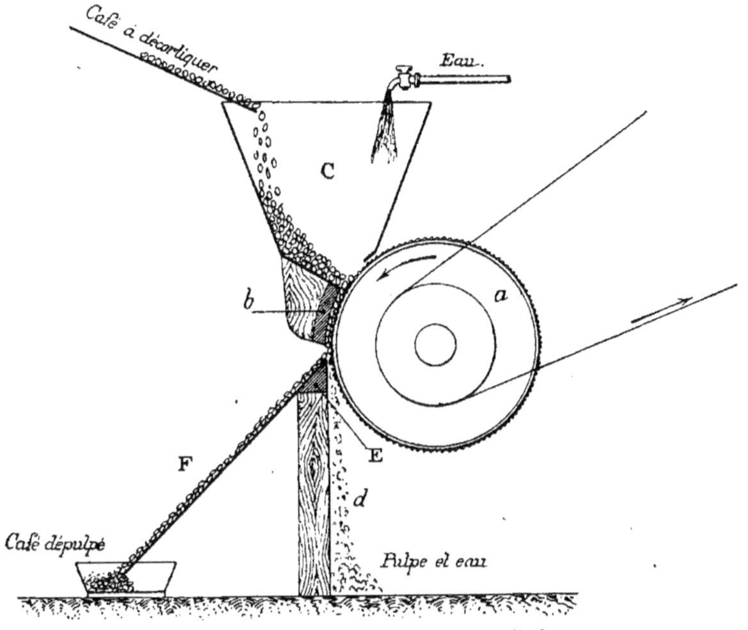

Fig. 7. — Principe du dépulpeur à cylindre.

tion du café, sont beaucoup plus répandus que les modèles à disques.

Dans certains pays, à la Guadeloupe, notamment, les planteurs fabriquent souvent eux-mêmes leurs dépulpeurs. L'industrie offre maintenant des machines d'un fonctionnement irréprochable et de toutes les capacités, depuis celles qui, actionnées à bras, dépulpent quelques centaines de kilogrammes de café par jour, jusqu'à celles qui, mues mécaniquement, en traitent plusieurs dizaines de tonnes.

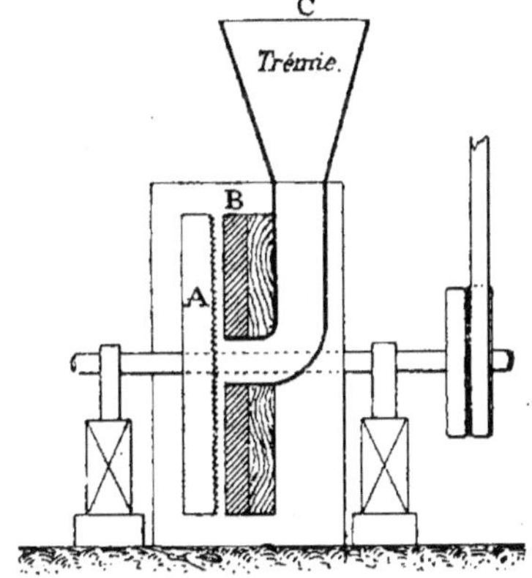

Fig. 8. — Principe du dépulpeur à disque.

Il est certain que les colons ont intérêt à acheter leurs dépulpeurs aux fabricants, car ceux qu'ils peuvent construire eux-mêmes ne sont jamais d'un fonctionnement parfait.

Les deux dépulpeurs à Libéria, dont il a été question plus haut, sont construits sur un principe très particulier.

Ils comportent un premier jeu de cylindres cannelés, entre lesquels passent les cerises amenées par l'eau. Ces baies subissent un commencement d'écrasement, puis glissent dans la dépression séparant les deux cylindres superposés, lesquels tournent en sens contraire. Le cylindre inférieur porte en relief des rayures hélicoïdales qui ont pour effet de repousser les graines de café vers ses extrémités.

L'écartement des cylindres est insuffisant pour permettre le passage des grains. Lorsque la machine est en mouvement, les baies à demi-écrasées qui arrivent sur les cylindres dépulpeurs sont entraînées dans leur intervalle, mais elles n'y peuvent passer. Leur chair pincée par les cylindres est attirée du côté opposé, les grains sont libérés et repoussés à droite et à gauche vers les extrémités. Le résultat obtenu est parfait lorsque l'arrivée de l'eau et des cerises est bien réglée.

*_**

A la sortie des dépulpeurs, le café en parche est pris par un fort courant d'eau et entraîné dans les bassins à fermentation. Ces bassins se construisent de diverses manières suivant les pays. Ceux du Brésil sont très pratiques ; ils sont généralement très allongés, leur fond présente une pente de 2 p. 100 aboutissant à une vanne recouverte d'une grille à mailles suffisamment serrées pour empêcher le café de la traverser. Pendant l'arrivée du café, la vanne reste ouverte et l'eau s'écoule librement, abandonnant le café en parche dans le bassin.

La fermentation est indispensable pour amener la désagrégation des parties de pulpe qui restent adhérentes au café en parche, et dont il est nécessaire de le débarrasser pour en assurer la conservation et en faciliter la dessiccation.

Il est probable que l'élévation de température dans le café en fermentation a pour effet de faciliter l'enlèvement de la pellicule argentée adhérente à la graine, pellicule qu'il est obligatoire de faire disparaître pour obtenir un café marchand de belle apparence.

La durée de la fermentation est fort variable. Au Brésil, elle est généralement de trente-six à quarante heures, mais il n'est pas rare, dans les moments où la cueillette bat son plein, de la réduire à vingt-quatre heures et même à douze heures.

A la Guadeloupe, le café dépulpé ne fermente que douze heures, alors qu'à la Jamaïque, cette opération dure de trente-six à quarante-huit heures.

Pour le café de Libéria, il est indispensable de prolonger cette phase de la préparation jusqu'à soixante et même soixante-douze heures.

A la Guyane hollandaise, le café de Libéria reste soixante-douze heures en fermentation. Etant donné l'aspect du produit obtenu dans ce pays, il semble que cette opération y est conduite de façon très satisfaisante.

Quelquefois, on pousse la fermentation du Libéria plus loin et jusqu'à six et même huit jours. Dans ce cas, on exagère certainement, car une fermentation aussi prolongée peut provoquer l'apparition de fèves avariées, — ou puantes — qui déprécient le produit et lui enlèvent même toute valeur commerciale. Les cultivateurs de Liberia doivent avoir, pour premier souci, d'éviter la production des fèves puantes, qui sont provoquées par une fermentation trop prolongée ou mal conduite.

Lorsque l'opération est terminée, le café en parche est conduit dans un laveur spécial, par un fort courant d'eau. On le mélange à un grand volume d'eau et on le brasse vigoureusement à l'aide de râteaux en bois. On remplace l'eau à plusieurs reprises par une vanne ménagée à cet effet dans la partie basse du bassin. On élimine ainsi les mucilages qui adhèrent à la parche.

Au Brésil, le lavage du café s'effectue mécaniquement au moyen d'un appareil spécial qui tourne au fond du lavoir, et remue sans cesse la masse.

Le bassin laveur, dont nous donnons la figure 9, se rencontre assez souvent. Il est formé d'une cuve, au milieu de laquelle se dresse un arbre vertical, muni de palettes, qui reçoit un mouvement rapide par l'engrenage supérieur. La cuve étant à moitié remplie d'eau, on y fait arriver le café dépulpé, qui doit, pour se rendre au fond de l'appareil, passer entre des palettes fixes, faisant corps avec les parois de la cuve, et des palettes mobiles.

Une vanne située au fond de la cuve permet de la vider lorsque le lavage est terminé.

Les maisons spécialisées construisent des appareils de formes et de volume variables pour laver automatiquement le café en parche. Dans les très grandes plantations, il est avantageux de prévoir un agencement spécial, pour le lavage automatique du café dépulpé.

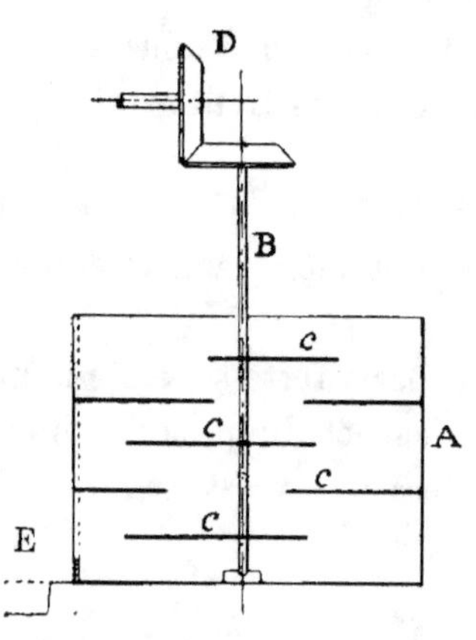

Fig. 9. — Laveur vertical à café.

Dans les petites exploitations, il suffira, le plus souvent, de construire un bassin ordinaire, dans lequel les ouvriers laveront le café en le remuant fortement avec des râteaux ou même des perches.

Lorsque le lavage est jugé suffisant, on transporte le café aux séchoirs.

Au Brésil, toutes les usines sont agencées de façon que le transport du café dépulpé aux séchoirs puisse s'effectuer avec un minimum de travail. Parfois même, le café est conduit sur les séchoirs par l'eau qui circule dans des rigoles ayant 3 p. 100 de pente. Dans d'autres cas, le café, en sortant du bassin de lavage, tombe directement dans des wagonnets qui le transportent sur les aires de séchage.

A partir de ce moment, les méthodes de préparation sèche et

humide se confondent et peuvent être étudiées simultanément ; disons toutefois que le café, pour être séché en cerises, doit subir un lavage sérieux qui le débarrasse de la terre, des pierres, des feuilles et des brindilles qui lui sont mélangées. Cette première opération de la méthode sèche est indispensable au Brésil, alors qu'elle est inutile dans les pays où le café est récolté soigneusement et à parfaite maturité.

Pour laver le café en cerise, on procède comme il a été expliqué plus haut pour le début de la préparation humide.

Le café est jeté dans le lavoir, avec une grande quantité d'eau ; puis il est fortement remué à l'aide de perches ou de râteaux en bois. La séparation se fait par différence de densité ; la terre et les pierres tombent au fond du bassin, tandis que les feuilles et les brindilles surnagent à la surface où on les recueille facilement. La masse de café elle-même se divise en plusieurs couches, les cerises mûres se trouvent à la base, alors que les fruits secs remontent à la surface. Grâce aux ouvertures pratiquées dans les parois du lavoir, il est possible d'opérer la séparation du café et de le diriger, à l'aide de l'eau, par des caniveaux convenablement aménagés, sur les séchoirs ou « terreiros ». Là, on manipule à part les cerises bien mûres qui ont subi un commencement de dessiccation avant la cueillette.

Le séchage est, sans contredit, l'opération la plus délicate de toutes celles que nécessite la préparation du café. D'un séchage bien conduit dépendra la qualité et l'aspect du produit, et par conséquent sa valeur marchande.

Les séchoirs à café sont constitués par des aires carrelées ou bétonnées exposées au soleil.

Dans les grandes « fazandas » du Brésil, les séchoirs couvrent parfois plusieurs hectares et représentent un capital considérable. Ces vastes séchoirs sont toujours divisés en compartiments de 15 à 30 mètres de côté, séparés entre eux par des rigoles dans lesquelles chemine le café, conduit par l'eau.

Au Brésil, l'idée directrice qui préside à la construction des usines de dépulpage se retrouve dans l'installation des séchoirs. On y cherche l'économie de main-d'œuvre et le réseau de rigoles, pour la distribution du café dans les compartiments du séchoir, est toujours très ingénieusement construit.

En sortant du lavoir, le café passe dans une rigole dont le fond a 2 p. 100 de pente. Il roule au fond, entraîné par un fort courant d'eau.

De place en place, mais généralement par la partie correspondant au milieu des compartiments du séchoir, la rigole présente des échancrures qui débouchent dans une petite trémie à fond grillagé.

En barrant la rigole au-dessous de l'échancrure en question, on détourne le cours de l'eau qui se déverse dans la trémie en entraînant le café. L'eau s'échappe à travers la grille, par une canalisation souterraine, alors que le café reste dans la trémie, où on le prend à la pelle pour l'étendre en couche mince sur les aires de séchage.

Dans les petites exploitations, on se contente souvent d'aires en terre battue, précieuses surtout dans les pays à climat sec, car elles coûtent peu à construire. Avant de les utiliser, il faut prendre la précaution, quelques jours à l'avance, d'en badigeonner la surface à l'aide d'une bouillie très liquide, formée de terre ferrugineuse et de bouse de vache délayées et mélangées intimement.

A la Guadeloupe, les séchoirs bétonnés ou carrelés sont exceptionnellement employés ; on y sèche le café sur des caissettes montées sur roues, faciles à rentrer sous un hangar approprié.

La figure 10 représente un séchoir à café de la Guadeloupe. La substruction A, abrite trois rangées de caissettes *a, a, a*, qui sont munies de galets roulant sur des rails ou des liteaux de bois dur. Dès que la pluie menace, les caissettes sont repoussées sous le bâtiment et s'y trouvent abritées. La partie supérieure du bâtiment B tient lieu en même temps de magasin et de séchoir. Elle est exposée au plein soleil et couverte avec des tôles ondulées, ce qui fait que la chaleur s'y emmagasine vite.

A la Jamaïque, pour sécher le café, on utilise des bâtiments composés d'une toiture en tôles ondulées, montée sur des galets roulant sur rails, lesquels sont fixés sur des madriers qui limitent à droite et à gauche l'aire du séchoir. Celle-ci a de 5 à 6 mètres de largeur sur 10 à 12 mètres de longueur.

Les bâtiments sont établis de telle sorte que les rails présentent une légère pente. (Figures 11 et 11 bis).

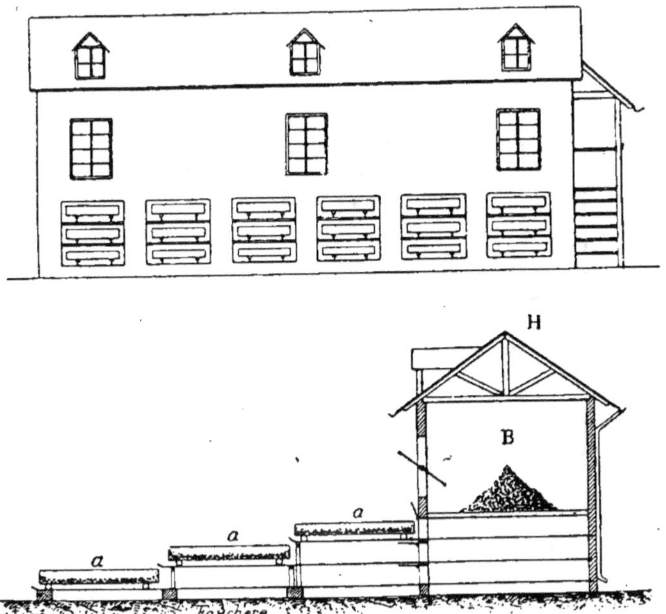

Fig. 10. — Séchoirs à café de la Guadeloupe.

La partie des rails, sur laquelle on tire la toiture pour découvrir les aires ou planchers, se trouve du côté le plus haut, de sorte que si la pluie menace, il suffit de décaler la toiture pour qu'elle regagne rapidement sa place au-dessus du café qu'elle doit protéger de la pluie.

Pour empêcher la descente trop rapide de cette toiture, on adapte un frein au treuil sur lequel s'enroule le câble métallique qui est relié à la toiture et qui sert à la tirer pour découvrir le café.

Le séchage au soleil est une opération plus délicate à conduire qu'on ne le croit.

Le café, qu'il soit en cerises ou dépulpé, est amené sur les séchoirs. On l'y étend en couche de 7 à 8 centimètres d'épaisseur. On le remue ensuite incessamment à l'aide de grands râteaux en bois que les ouvriers poussent devant eux.

Le séchage doit être progressif, en ce sens que la durée de l'ex-

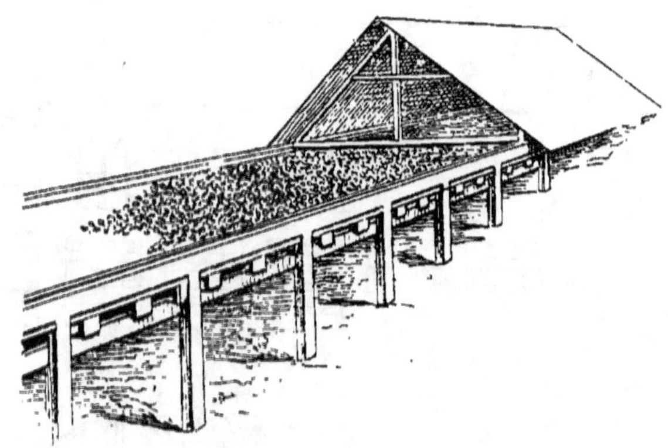

Fig. 11. — Séchoir à café et à cacao avec toiture mobile (Trinité) Jamaïque.

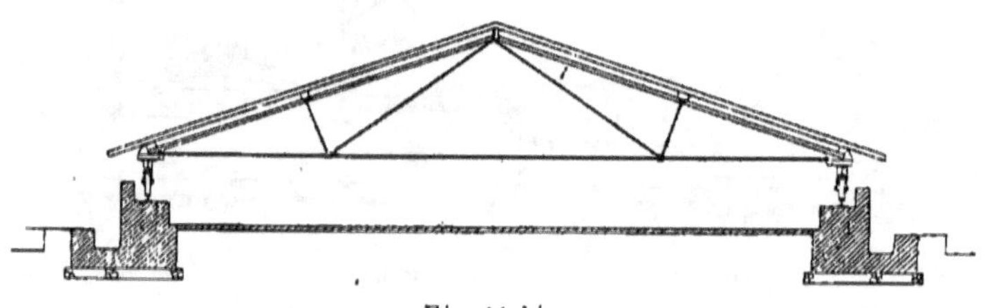

Fig. 11 bis.

position au soleil augmente chaque jour et à mesure que la dessiccation avance. Il faut, au début, éviter une trop longue exposition qui ferait éclater la pulpe et la parche provoquant une modification défavorable de la coloration des grains de café.

Cette précaution est beaucoup plus nécessaire encore dans le séchage du café en parche que dans celui du café en cerises.

Chaque soir, le café est rassemblé en tas que l'on fait de plus en plus volumineux, à mesure que le degré de dessiccation augmente. Lorsque le séchage approche de sa fin, on fait de très gros tas que l'on recouvre de bâches imperméables pour préserver le café de l'humidité de la nuit et des pluies.

Dès lors, dans la journée, si la pluie survient, il faut rentrer le café ou le ramasser en tas et l'abriter.

Toutes ces manipulations sont très coûteuses par suite de la grande dépense de main-d'œuvre qu'elles exigent. Elles sont cependant indispensables pour l'obtention d'un produit de bonne qualité.

On reconnaît que le café est suffisamment sec lorsqu'en en prenant une poignée, que l'on secoue auprès de l'oreille, on entend les graines remuer dans l'enveloppe. A ce moment, la parche et la pulpe s'écrasent sans difficultés sous la pression des doigts.

La durée du séchage est très variable suivant l'état du temps. Par temps chaud, fortement ensoleillé, elle pourrait être réduite à cinq ou six jours pour le café en cerises, mais pour obtenir un produit de bonne qualité, il faut que l'opération soit conduite plus lentement. On estime qu'un bon séchage, par beau temps, doit durer de douze à quinze jours sur des séchoirs bétonnés ou carrelés.

Le café en parche sèche beaucoup plus vite et sa dessiccation, qui pourrait être terminée en trois jours par temps chaud et sec, doit être conduite pour durer de six à huit jours.

Beaucoup de planteurs estiment que plus le séchage est lent, meilleur est le café et d'après eux, il faudrait, après le deuxième jour, éviter au café en parche l'exposition au soleil du milieu de la journée.

Sur les séchoirs en terre battue, la dessiccation est plus lente et elle dure au moins un tiers de plus que sur les aires bétonnées.

Tout ce qui précède se rapporte au café d'Arabie ; le séchage du café produit par *C. robusta, canephora, kouilou* est plus rapide et demande une attention très soutenue, si on veut obtenir un produit de belle apparence.

Quant au café de Libéria, ainsi que nous l'avons dit précédemment, le séchage des cerises est une opération pratiquement irréalisable dès qu'il s'agit de quantités importantes. Il n'est pas rare, lorsque le temps est légèrement pluvieux, de voir la dessiccation des grosses cerises de ce caféier durer quarante ou même soixante jours. Au surplus, le commerce réclame des cafés de Libéria à grains jaune clair — jaune serin pour employer l'expression consacrée, — or, cette coloration est impossible à obtenir par la méthode sèche.

La dessiccation du café Libéria en parche est aussi sensiblement plus longue que celle du café d'Arabie.

On conseille, pour provoquer le décollement de la pellicule argentée qui adhère fortement aux grains de café libéria, d'exposer le café en parche à un violent soleil dès le premier jour, puis de le sécher lentement. On devra avec cette dernière espèce s'efforcer d'obtenir un café jaune clair, et surtout de coloration très uniforme.

L'instabilité du temps dans certaines parties de la région tropicale y rend le séchage du café à l'air libre très aléatoire, aussi les planteurs tendent-ils de plus en plus à sécher le café dans des séchoirs à air chaud.

Quoique le temps, dans l'Etat de Sao-Paolo, se prête très bien au séchage du café à l'air libre, les planteurs recourent souvent au séchage artificiel. Plusieurs des « fazendas » que nous avons visitées dans ce pays possédaient déjà, en 1902, des appareils de séchage à air chaud.

Dans les pays humides, il paraît bien que l'emploi de ces appareils soit obligatoire, lorsqu'il s'agit de préparer une quantité un peu importante de café. Il faut d'ailleurs toujours combiner les deux méthodes, car on ne peut envoyer au séchoir mécanique que du café ayant subi un certain temps d'exposition sur les aires et déjà égoutté ; par conséquent, mais dans les régions très humides, on est parfois obligé d'envoyer le café dépulpé directement au séchoir à air chaud. Dans ce cas, il est indispensable de l'égoutter tout d'abord à l'aide d'essoreuses analogues à celles dont on se sert dans les sucreries pour séparer le sucre des mélasses.

Il y a de nombreux modèles de séchoirs à air chaud. Les plus répandus semblent être ceux de Guardiola et de Ceulen.

Le séchoir de Guardiola, construit par la maison Gordon de Londres, se compose d'un vaste cylindre tournant autour de son axe horizontal. Ce cylindre est divisé en quatre compartiments dans lesquels on introduit le café par des ouvertures ménagées à cet effet.

Dans le tube central, qui constitue l'axe du cylindre, on envoie un courant d'air chaud qui se répand dans tout l'appareil.

Le cylindre est animé d'un mouvement de rotation continue, pendant lequel le café est remué sans arrêt. La température, avec le chauffage de l'air à la vapeur, est très constante et se maintient aux environs de 60 à 65° centigrades. L'appareil donne un travail très satisfaisant pour le séchage du café.

Au Brésil, on a construit un grand nombre de séchoirs de différents modèles. Les plus répandus sont ceux d'Arens, de Taunay-Telles et d'Augusto. Les deux premiers sont du même type que le séchoir Guardiola. Ils en diffèrent seulement par quelques détails de construction. Dans l'intérieur du cylindre du Taunay-Telles il existe une série de diaphragmes mobiles qui remuent sans cesse le café. Ces appareils, comme celui de Guardiola, fournissent un bon travail.

Le séchoir d'Augusto est construit sur un autre principe, il est composé de deux longues caisses peu larges et légèrement en pente. L'une des caisses est en pente dans un sens et l'autre dans le sens opposé.

Ces caisses sont divisées, dans le sens de la longueur et dans le plan horizontal, en deux compartiments par une toile métallique sur laquelle descend le café. Ces caisses de séchage sont portées par des tiges d'acier formant ressort et elles reçoivent un mouvement lent et saccadé d'un excentrique.

A chaque extrémité de l'appareil se trouve un élévateur. Le café qui a cheminé dans l'une des caisses tombe dans l'élévateur qui le ramène dans la caisse voisine. Il se trouve ainsi animé d'un mouvement continu. Un foyer chauffe l'air qu'un ventilateur chasse dans les caisses du séchoir.

D'une façon générale, quel que soit l'appareil employé, il faut veiller à ce que la température ne s'élève pas trop dans l'intérieur. Au delà de 65° centigrades, la chaleur est trop élevée et le séchage trop rapide. Le dispositif employé dans le séchoir Augusto qui fait régulièrement sortir le café des chambres de séchage peut être considéré comme très bon, car il assure le refroidissement du produit et rend impossibles les coups de chaleur.

En se refroidissant, le café sortant des séchoirs absorbe souvent une certaine quantité d'eau qui le fait s'avarier par la suite. Quelques planteurs ont adapté à leur séchoir un second ventilateur qui envoie un violent courant d'air froid dans l'appareil dès que le séchage est acquis. Le refroidissement du café se produit ainsi plus rapidement et la quantité d'eau absorbée est moins grande, paraît-il. Dans tous les cas, l'installation de séchoirs mécaniques paraît devoir être, pour les grandes exploitations, le complément indispensable des séchoirs à l'air libre. La présence, dans une plantation, d'un séchoir à air chaud permettra, d'autre part, de réduire sensiblement la surface des aires, dont la construction et l'entretien sont très onéreux.

L'emploi exclusif du séchage à l'air chaud ne paraît pas, cependant, devoir être recommandé, car la dessiccation très rapide obtenue dans les appareils nuit à la valeur commerciale du café.

Décortication du café. — Le séchage étant terminé, le café qui n'a pas été dépulpé prend le nom de café en coques, alors que celui qui l'a été est nommé café en parche. On traite le café en coques et le café en parche de la même manière.

La première opération à lui faire subir est la décortication, qui a pour objet de séparer les grains des enveloppes dans lesquelles ils sont enfermés.

La décortication proprement dite est précédée, au Brésil, par un passage du produit au tarare, qui le débarrasse des pierres, feuilles, brindilles, corps divers et grains fous — fruits sans graines, — qui peuvent s'y trouver mélangés.

Afin de ménager les appareils de décortication, il est toujours prudent de passer le café au tarare.

La décortication peut être obtenue par pilonnage à bras du café en coques ou en parche, dans des mortiers analogues à ceux dont se servent les indigènes des colonies pour décortiquer le riz.

Cette méthode est toutefois lente et pénible et convient seulement aux très petites plantations. On la pratique encore à la Guadeloupe, à la Guyane hollandaise, et, en général, dans tous les pays où la culture du caféier, répandue chez les populations indigènes, n'occupe que de très petits espaces dans les jardins ou autour des cases.

A la Guadeloupe, le café préparé par cette méthode primitive est connu sous le nom de *café habitant*, par opposition à celui de

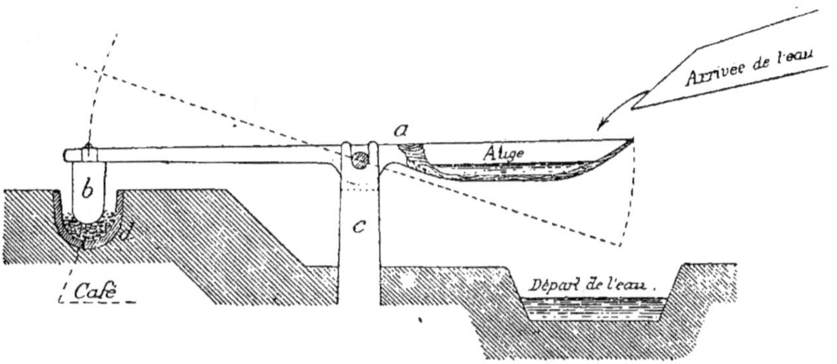

Fig. 12. — Le « Monjolo » du Brésil.

café *bonifieur*, réservé au produit préparé avec les machines.

Le pilonnage à bras peut être remplacé par le pilonnage au balancier à eau, que l'on emploie beaucoup au Brésil pour broyer le maïs. Cette machine simple, connue sous le nom de moulin à « tiou tiou » en Indochine, s'appelle « monjolo » au Brésil. Son rendement est infime, mais sa construction est très simple et comme elle fonctionne seule, on peut très bien l'utiliser lorsqu'on ne possède que de petites quantités de café à traiter.

A la Guadeloupe, dans les plantations un peu importantes, on se sert. pour le café bonifieur, de batteries de lourds pilons soulevés par des cames, fixées à un arbre mu par un moteur ou par une roue hydraulique. Ces vieilles installations sont dispendieuses et on ne s'en sert plus que là où elles existent depuis longtemps.

Aujourd'hui, les planteurs ont avantage à acquérir des machines construites par l'industrie. Il en existe des modèles adaptés à tous les besoins.

Les décortiqueurs à café sont des appareils robustes qui se règlent facilement et qui peuvent traiter alternativement le café en parche, le café en coque, le café à petits fruits et le café Libéria.

On n'a ici, c'est le cas de le dire, que l'embarras du choix pour adopter la machine qui convient le mieux.

En sortant du décortiqueur, le café va dans un tarare qui le débarrasse des débris de coques et de parche, ainsi que des poussières auxquelles il est mélangé. Cet appareil classe également à part les coques et les grains en parche épargnés par le décortiqueur, en vue d'un second traitement.

Le grain de café doit non seulement être débarrassé de sa coque et de sa parche, mais encore de la mince pellicule argentée qui le recouvre et qui adhère très fortement parfois. Certaines précautions prises lors du séchage favorisent l'enlèvement de cette pellicule, avons-nous dit précédemment.

En tout cas, pour la faire disparaître entièrement, il suffit de prolonger le séjour du café dans le décortiqueur, afin qu'il y subisse une sorte de polissage. Il faut toutefois éviter de serrer trop fortement l'appareil pour ne pas briser les grains de café.

Du tarare, le café décortiqué est envoyé au trieur qui classe les grains par catégorie suivant leur grosseur et leur forme. On ne doit pas se contenter d'un simple triage à la main, lequel ne peut avoir d'autre but que l'enlèvement des grains noirs ou brisés. Il est indispensable, si l'on veut présenter le café dans les meilleures conditions sur les marchés, de lui faire subir un triage sérieux et de le classer en trois catégories au moins : 1º gros grains ordinaires ; 2º petits grains ordinaires ; 3º grains ronds ou caracolis. Les brisures, bien entendu, forment une quatrième qualité qu'il ne faut jamais mélanger aux précédentes, car elle les déprécie toujours.

Les planteurs devraient d'ailleurs s'entendre pour uniformiser leurs méthodes de préparation et de triage du café, afin de présenter sur les marchés des produits homogènes classés en types tou-

jours semblables. Ils pourraient ainsi imposer leur marque au marché et bénéficier des plus hauts prix.

Les trieurs sont en général des cylindres de tôle, percés de trous
de dimensions variables, classant le café en catégories uniformes.

Les trieurs brésiliens sont souvent à double ou même à triple
corps. Ils peuvent fournir cinq à sept types de café, mais on en fait
ordinairement quatre types seulement.

La maison Gordon construit des trieurs que l'on peut utiliser
indistinctement pour le café d'Arabie et pour le Libéria.

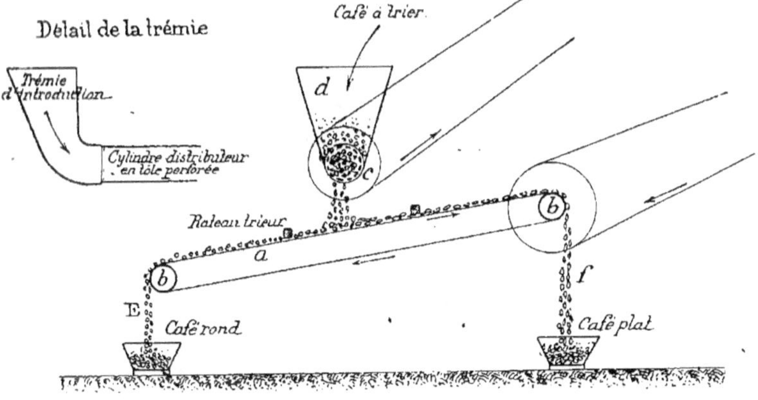

Fig. 13. — Machine américaine pour séparer le café caracoli du café plat.

Les grains ronds de café, qui proviennent des fruits à graine unique qu'on appelle *caracolis*, doivent être triés avec soin, car ils
forment une sorte commerciale, et se vendent plus cher que les
autres sortes.

La figure 13 représente une machine américaine, très simple, qui sépare parfaitement les *caracolis* des cafés plats.

Cette machine se compose d'une toile sans fin tendue sur deux
rouleaux. Ces rouleaux sont animés d'un mouvement de rotation qui entraîne la toile dans le sens des flèches. Au-dessus de
la toile et au milieu, se trouve un cylindre en tôle, percé de trous,
qui tourne dans le sens indiqué. La longueur de ce cylindre est
d'environ 70 centimètres, elle est un peu inférieure à la largeur de
la toile.

Le café arrive dans une trémie *d*, et de là passe dans le cylindre *c*, il tombe lentement, grain par grain, sur la toile. Cette dernière est inclinée, de sorte que le café, en arrivant à son contact, tend à dégringoler vers le bas de l'appareil.

Le café ordinaire, après avoir fait un certain nombre de tours vers la base de l'appareil, se place la face plate contre la toile et est entraîné vers le haut de la machine ; il tombe en E. Les caracolis, en raison de leur forme, dévalent vers le bas et tombent en *f*. Deux appareils fixes *a* et *b* effleurent la toile de leurs dents et dispersent les grains de café pour

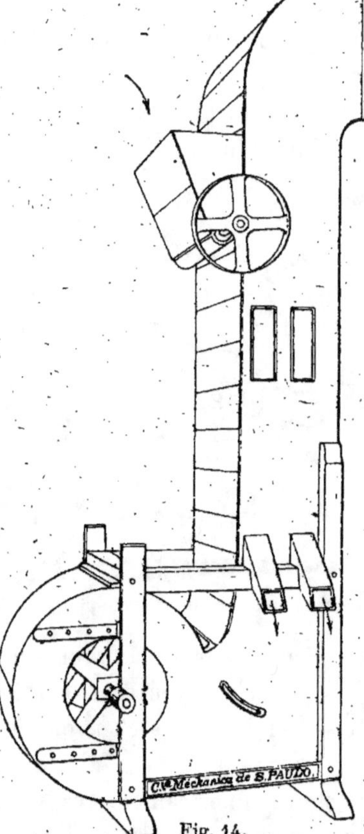

Fig. 14.

Catador brésilien pour le triage du café.

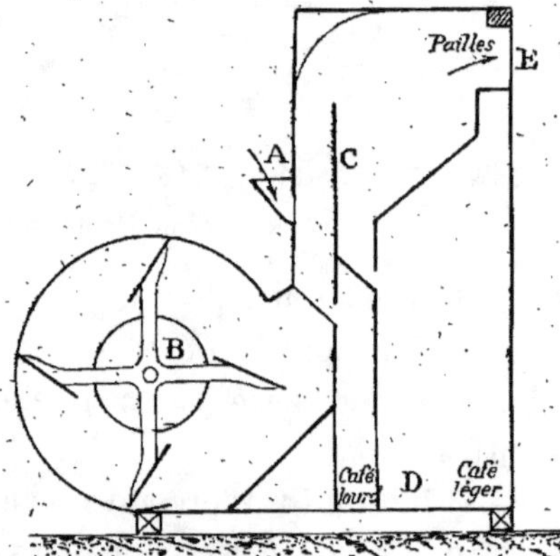

Fig. 15. — Diagramme du Catador.

qu'ils se trouvent toujours isolés. Cette machine figure aux catalogues des maisons Gordon de Londres et Squier de Buffalo.

Dans les petites exploitations, le travail des trieurs est complété par un triage à la main. Au Brésil, après les trieurs, on conduit le café dans une machine appelée le « Catador », qui divise chaque catégorie de café d'après sa densité. On a ainsi d'une part les grains lourds, et de l'autre les grains légers.

Le principe du « Catador » est représenté par les figures 14 et 15. Le café arrive dans la trémie P et s'engage dans la machine où il rencontre un violent courant d'air produit par le ventilateur et dirigé de bas en haut.

Les grains lourds tombent vers le bas en dépit du courant d'air, toutes les fèves légères et les poussières sont rejetées vers le haut de l'appareil au delà de la cloison verticale C, qui sépare la machine en deux compartiments. Dans le deuxième compartiment, le mélange de café et de poussière rencontre une seconde colonne d'air animée d'un mouvement du bas vers le haut, plus modéré que dans le premier compartiment.

Les grains de café légers tombent vers le bas de la machine en D, alors que les débris de parches et les poussières sont rejetés en dehors par le haut de l'appareil en E.

Le nettoyage et le triage du café étant achevés, on le place en sacs tarés à 60 kilogrammes au Brésil.

Dans les colonies françaises, à Madagascar, notamment, on emballe souvent le café en sacs doubles, fabriqués par les femmes indigènes, à l'aide de roseaux ou d'herbes de marais. Ces sacs sont de capacité variable, et ne conviennent pas du tout aux négociants en café de la métropole. Aussi, tend-on, de plus en plus à se servir de sacs de jute de capacité constante de 80 kilogrammes net de café.

On ne saurait trop insister sur les avantages que présente, même pour le planteur, un emballage uniforme et invariable.

Cette question sera d'ailleurs étudiée en détail au chapitre consacré au *Commerce*, lequel termine cet ouvrage.

Installation des usines à préparer le café. — Les différentes opérations de la préparation du café ayant été décrites, nous allons donner la description de quelques usines, observées par nous en différents pays : Etat de Sao-Paolo, Guyane, Antilles, etc..

Les installations brésiliennes, figurées ici, sont beaucoup trop importantes pour convenir aux modestes plantations des colonies françaises, mais leurs dimensions peuvent être réduites sans inconvénient, et elles peuvent servir de modèles pour les petites exploitations de nos colonies.

La première des conditions à réaliser est de placer l'usine en un point choisi de façon que les frais de transport de la matière à

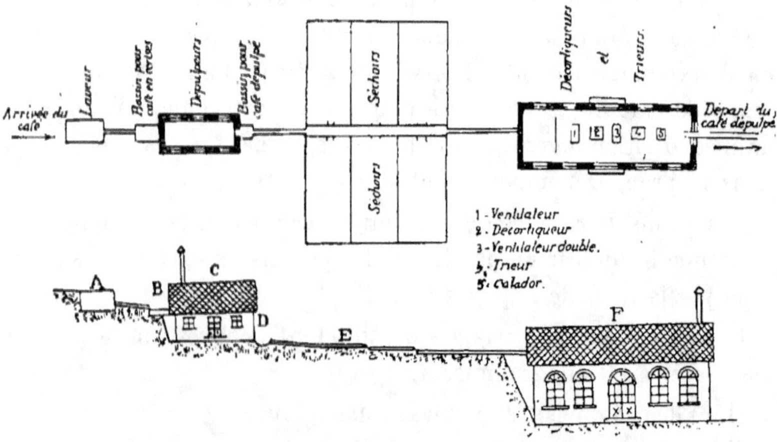

Fig. 16. — Schéma montrant, en plan et en coupe, la situation idéale pour l'installation d'une usine brésilienne de préparation du café.

A, lavoir; B, bassin pour café en cerises; C, appareils de dépulpage; D, bassin de fermentation pour café dépulpé; E, terreiros ou séchoirs; F, appareil pour la décortication du café séché en cerises ou en parche.

traiter soient réduits au minimum et que toutes les opérations s'en trouvent simplifiées le plus possible.

La figure 16 reproduit schématiquement, en plan et en élévation, une usine brésilienne complète, conçue idéalement. Elle est placée théoriquement sur une colline légèrement en pente.

L'eau arrive au point culminant dans le lavoir A. Un peu au-dessous du lavoir, il existe un ou plusieurs bassins de macération B. De ces bassins, le café en cerises se rend aux dépulpeurs, installés en contre-bas, dans le petit bâtiment C.

Les bassins pour la fermentation du café dépulpé sont situés en dessous des dépulpeurs, en D et les séchoirs E font suite à ces bassins. Les appareils de décortication sont installés à la partie la plus basse en F. Le mouvement du café, depuis l'arrivée des cerises au lavoir jusqu'à la venue du café dépulpé sur les séchoirs, est assuré entièrement par l'eau. Les manipulations sont donc réduites au minimum.

Le café séché est porté des séchoirs aux magasins (thulias) à l'aide de wagonnets, pour la circulation desquels il est prévu tout un réseau de voies étroites sur les aires de séchage.

Il est certain que le cas pris comme exemple et dans lequel toutes les parties de l'usine sont disposées dans l'ordre de leur fonctionnement régulier, ne s'observe pas dans toutes les « fazendas » brésiliennes. Quelquefois, par exemple, les dépulpeurs sont placés en contre-bas des séchoirs, et il faut alors prévoir des élévateurs pour remonter le café dépulpé.

Dans les petites plantations, l'installation peut être très simplifiée. Lorsque la cueillette est faite à mesure de la maturité des cerises, un lavoir n'est pas nécessaire. L'utilité du bassin de macération est également facultatif dans ce dernier cas. Cependant, nous pensons qu'il est toujours bon de prévoir un bassin pour la réception du café en cerises, et de lui donner une capacité suffisante pour assurer une journée de travail au dépulpeur. Ce bassin sera disposé de façon à ce que les cerises puissent être entraînées dans les dépulpeurs par un courant d'eau, arrivant par le haut du bassin et du côté opposé aux machines.

L'utilité des bassins à fermentation n'est pas contestable. Ils doivent avoir une contenance telle qu'ils puissent être remplis aux deux tiers environ, en une journée de travail. Le nombre de ces bassins sera d'autant plus grand que la fermentation devra durer plus longtemps. A la Guadeloupe, où on laisse fermenter le café dépulpé douze heures seulement, un seul bassin suffit, mais il serait préférable, dans ce cas même, de construire deux bassins à fermentation, afin de pouvoir au besoin dépulper le café la nuit, lors des grandes récoltes.

La figure 17 représente une installation relevée à la Guyane hollandaise pour le dépulpage du café Libéria. Les cuves à fermentation peuvent être construites, soit avec des madriers de bois dur,

soit en béton, soit en briques recouvertes de ciment. Elles sont aux
nombre de quatre, le café étant laissé à fermenter pendant soixante-douze heures. Cette installation ne possède pas de bassin de
macération. Les cerises cueillies mûres sont apportées aux machines dans des paniers ou dans des sacs, et déversées dans la trémie
d'un élévateur, qui les monte au dépulpeur. Cet appareil est sur-

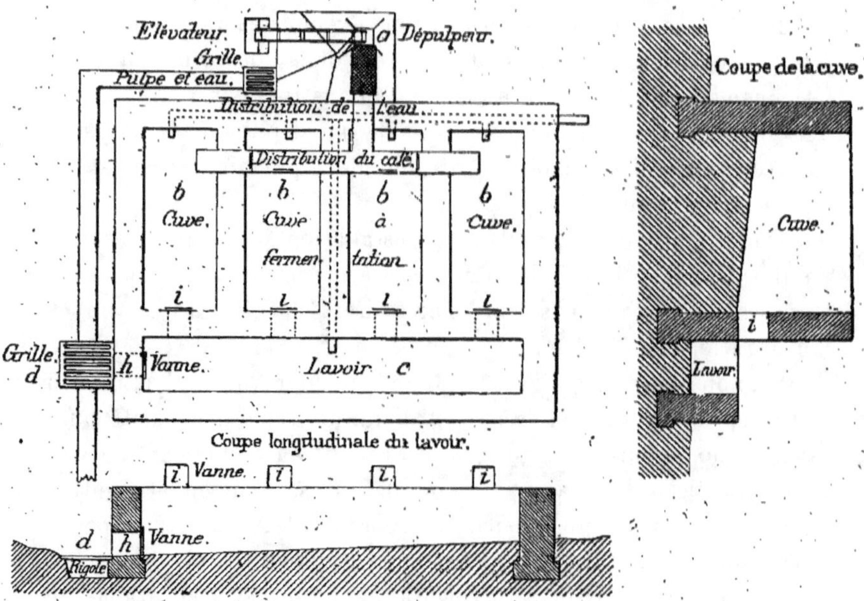

Fig. 17. — Installation pour le dépulpage des cafés *liberica* et *arabica*
à la Guyane hollandaise et à la Jamaïque.

élevé sur un socle en maçonnerie et placé au niveau supérieur des
cuves à fermentation.

Le bassin qui se trouve au-dessous et à l'avant de ces cuves
sert de lavoir. On y dirige le café fermenté en ouvrant la vanne du
bas de chaque cuve et en amenant un fort courant d'eau par le haut.
Le café est entraîné dans le lavoir, d'où il est porté aux séchoirs.

La dimension des aires de séchage varie d'abord, suivant que
l'on traite le café par la méthode sèche ou par la méthode humide,
ensuite, d'après la climatologie de la région. Dans l'Etat de Sao-

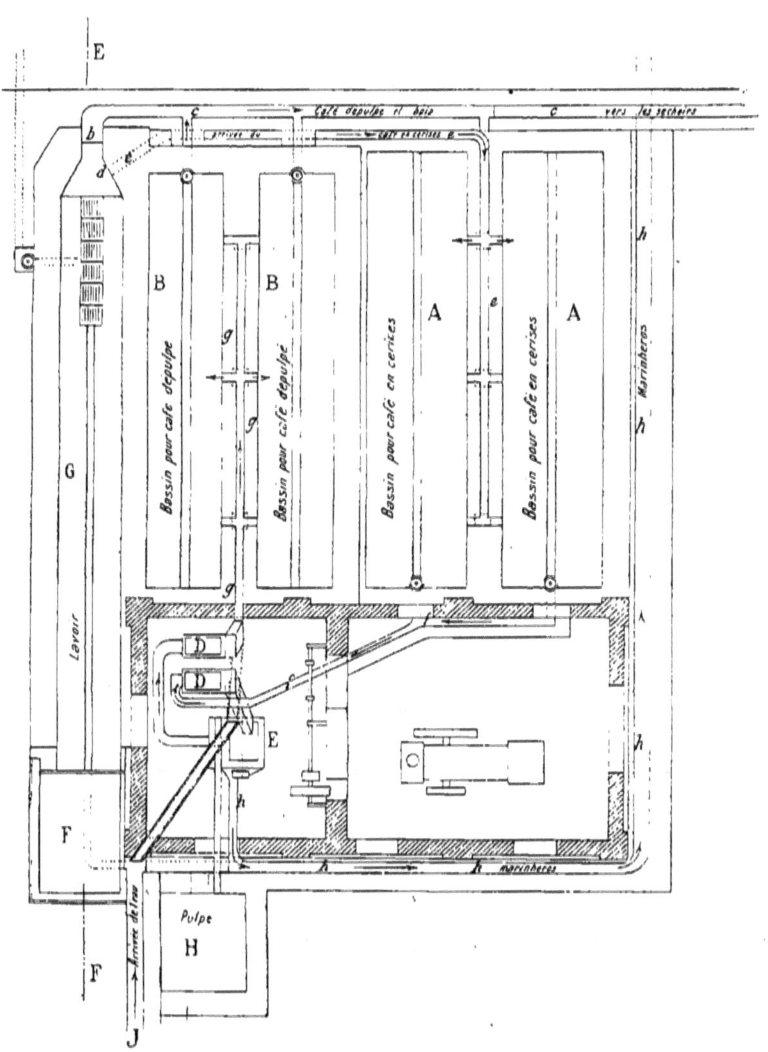

Fig. 18. — Plan d'une petite usine brésilienne à dépulper le café.

Paolo, on estime qu'il faut un mètre carré d'aire par 15 kilogrammes de café à préparer. Pour le café dépulpé (café en parche), 40 à 50 mètres carrés nous semblent devoir suffire par tonne de café. Il va de soi que les chiffres se rapportent au café commercial.

La figure 18 reproduit le plan d'une installation à dépulper le café, vue au Brésil, qui présente la particularité suivante : les deux bassins de macération pour le café en cerises AA sont placés plus bas que les bassins BB pour café dépulpé et que le dépulpeur.

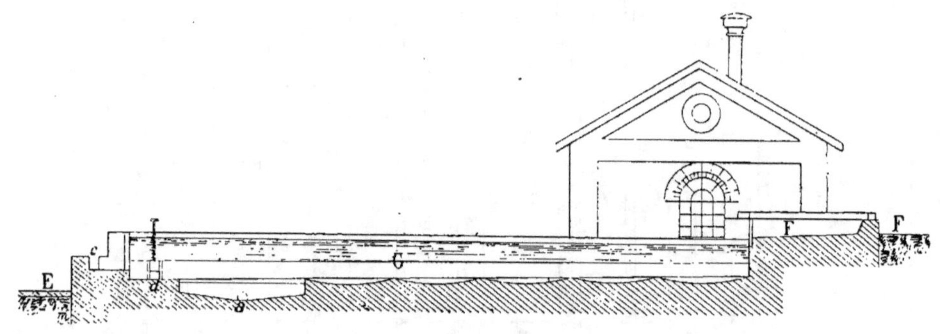

Coupe EF

Fig. 19. — Coupe en long du lavoir C.

c, rigole d'évacuation du café dépulpé de la boia (1) ; d, vanne de vidange du lavoir ; a, conduite pour l'évacuation de la terre.

Cet aménagement a rendu nécessaire les deux élévateurs DD dont l'un monte le café en cerises dans les dépulpeurs et l'autre le café dépulpé dans les bassins BB.

Le café arrive dans le lavoir G, dont nous donnons la coupe dans la figure 19. Il chemine dans les rigoles, entraîné par l'eau, en suivant le parcours indiqué par les flèches.

Les figures 20 et 21 représentent une installation de dépulpage beaucoup plus importante que la précédente. Elle offre cette singularité que les séchoirs se trouvent placés au-dessus de toute l'installation du dépulpage. On y remarque un lavoir automatique I, dans lequel passe le café dépulpé et fermenté qui se rend au

____

(1) Boia = cerises sèches ou vides qui surnagent.

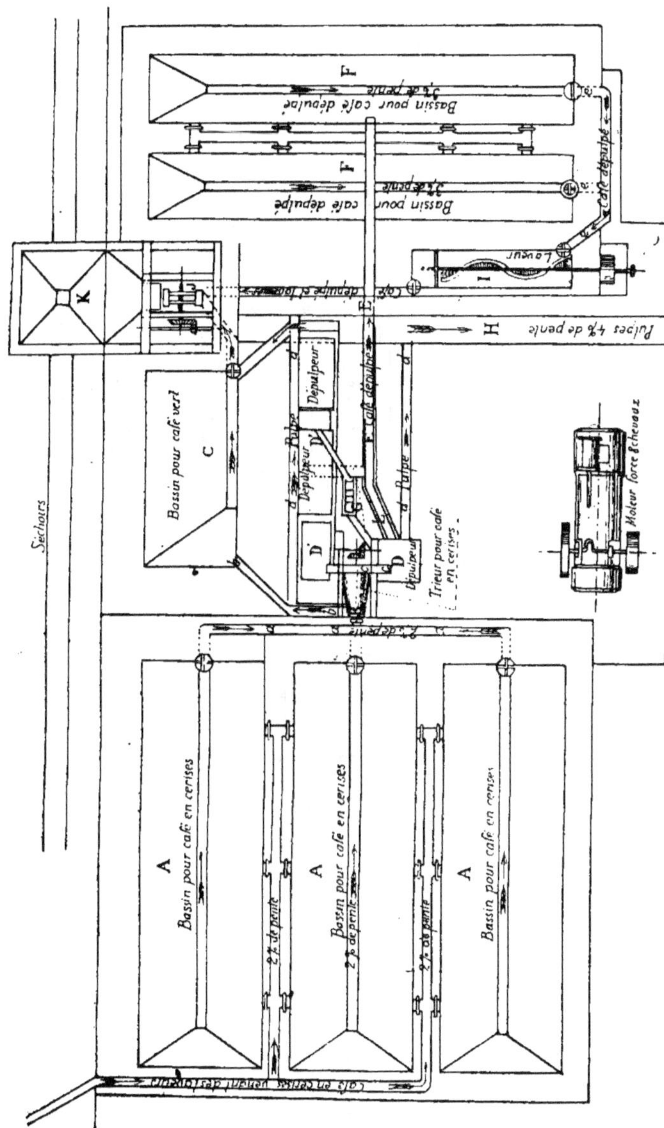

Fig. 20. — Plan d'une grande usine brésilienne à dépulper le café : AAA, bassins pour café en cerises ; FF, bassins pour café dépulpé ; C, bassin pour café vert ; DD'D', dépulpeurs ; II, rigole pour l'évacuation des pulpes ; J, élévateur pour le café dépulpé ; K, trémie pour la réception et la charge du café dépulpé.

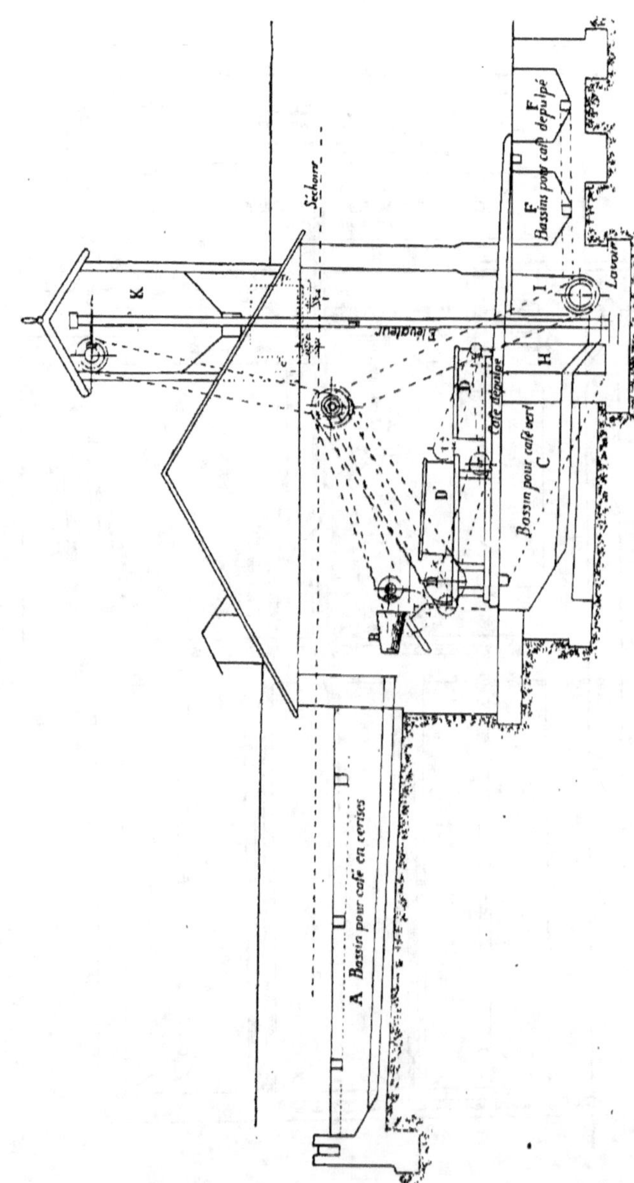

Fig. 21. — Coupe longitudinale de l'usine représentée en plan à la figure 20.

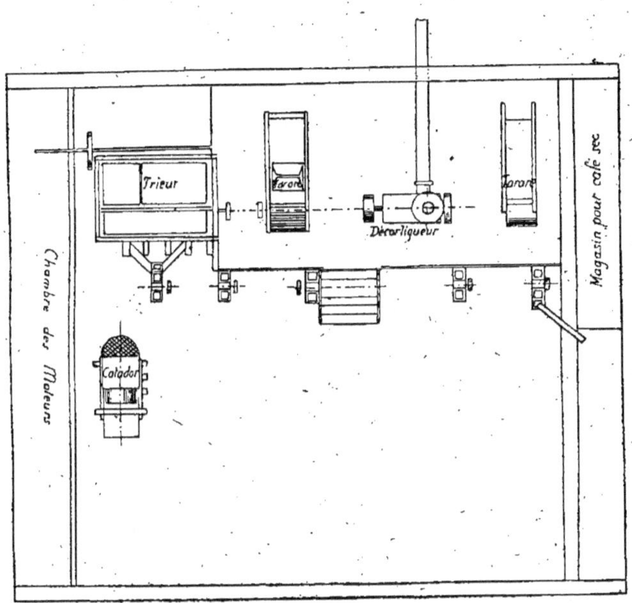

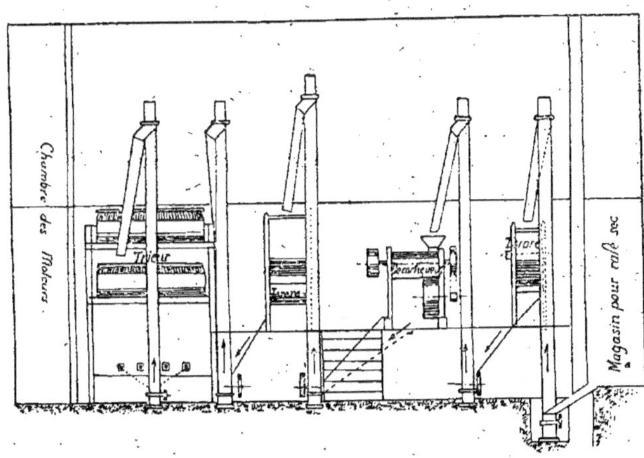

Fig. 22. — Plan et élévation montrant la disposition des appareils dans une usine brésilienne à décortiquer le café.

grand élévateur J, lequel le monte dans la trémie K. De cette trémie, le café tombe dans les wagonnets qui le transportent aux séchoirs.

Cette disposition comporte pour le café en cerises trois bassins A A A dont le fond se trouve plus haut que la trémie des dépulpeurs D et D', si bien que le café en cerises est entraîné par
l'eau dans ces machines.

Les bassins pour la fermentation du café FF sont plus bas que
les dépulpeurs, de sorte que l'eau, prenant le café à sa sortie des
machines, l'y entraîne par la rigole E. Les pulpes sont évacuées
au dehors par le fossé H.

La figure 22 reproduit l'arrangement intérieur d'une usine brésilienne pour le décorticage et le triage du café séché en parche ou en cerises. On peut se rendre compte de la disposition des
machines et il ne nous paraît pas utile de donner une description
détaillée de cette installation. Cette usine, ainsi montée, peut traiter de 5 à 6 tonnes de café par heure et nécessite trois ou quatre
hommes pour assurer son fonctionnement.

Nous conseillons vivement aux planteurs des colonies françaises
de s'inspirer de ces croquis pour établir leurs appareils de préparation du café ; ce faisant, ils pourront réaliser une économie sérieuse de main-d'œuvre, car, partout, dans nos colonies, on gaspille
le travail humain pour des besognes que la machine peut et doit
exécuter.

Une petite usine capable de traiter une centaine de tonnes de café
annuellement doit fonctionner parfaitement avec le concours de
cinq à six personnes, si son agencement est bien compris. Or, dans
les plantations de nos colonies, il n'est pas rare de compter à l'usine
trois, quatre et même cinq fois plus d'ouvriers !!!

CHAPITRE VIII

FRAIS D'ÉTABLISSEMENT D'UNE CAFÉIÈRE

I. — Frais de culture et d'entretien

En ce moment, il n'est guère possible d'établir un devis pour les dépenses de création d'une plantation de caféiers. Les conditions de travail ont été profondément changées dans toutes les parties du monde, depuis la guerre, et les données sur lesquelles on pouvait tabler il y a quinze ans n'ont plus aucune valeur aujourd'hui. La main-d'œuvre coloniale a augmenté dans des proportions variables.

Les renseignements que nous mentionnons ci-dessous se rapportent à des observations faites sur le versant Est de Madagascar.

Nous nous bornerons donc à donner sur ce sujet des indications d'ordre général, pour servir de base aux calculs.

La préparation des jeunes caféiers jusqu'à leur transplantation, comprenant : la confection des planches de semis, le semis proprement dit, l'établissement des abris contre le soleil, le repiquage et les divers soins d'entretien des pépinières, nécessitent, pendant les deux années que les jeunes plants passent en pépinière, environ quatre-vingts journées d'ouvriers par mille plants.

Un homme défriche de 100 à 400 mètres carrés de terrain par jour, suivant la densité et la nature de la végétation qui recouvre le sol, le premier chiffre se rapportant à un terrain chargé d'une forêt déjà dense ; le second, à des terres alluvionnaires portant surtout de hautes herbes mêlées d'arbustes.

Sur une surface qui ne comporte que de faibles accidents de terrain, il faut consacrer une trentaine de journées d'ouvriers, par hectare, pour le tracé et la confection des chemins.

La création des lisières et des brise-vent intérieurs emploie environ cinq journées d'hommes par hectare.

Les sols peu accidentés qui ne portent pas de forêt peuvent être préparés à la charrue. Dans ce cas, on donne deux labours, le deuxième pouvant être pratiqué deux ou trois mois après le premier. Ces labours, qui doivent atteindre 30 centimètres de profondeur, sont exécutés à l'aide d'une charrue lourde, un brabant ordinairement. L'instrument est traîné par six ou huit bœufs, et avec cet attelage, deux hommes peuvent travailler un hectare en cinq ou six jours, soit dix à douze jours d'ouvriers par hectare pour les deux labours.

Lorsque la plantation est effectuée en trous, on donne aux excavations 0 m. 50, 0 m. 60, 0 m. 70 de côté. Un ouvrier peut faire quinze trous de 70 centimètres par jour, alors qu'il en creusera de 45 à 50, de 50 centimètres de côté.

Un homme comble de trente à cent vingt trous par jour. Deux hommes habiles, peuvent piqueter un hectare de terrain en quatre ou cinq jours.

Une équipe de dix hommes, procédant à l'arrachage des plants de caféier, à leur transport, à leur repiquage, et les abritant provisoirement du soleil, peut mettre en place de deux cent cinquante à trois cents sujets par jour, dès lors que les pépinières sont placées à proximité de la plantation.

Pendant les cinq ou six premières années, l'entretien des caféières peut être assuré à l'aide d'instruments attelés, charrues, houes. Deux ouvriers avec deux bœufs nettoient, avec la charrue, un hectare en sept ou huit jours. Avec la houe, le travail est plus rapide, mais il est moins achevé, car la charrue enterre complètement les mauvaises herbes.

Travaillant à trois, à l'aide d'une houe ordinaire, chaque homme ne nettoie pas plus de 400 à 500 mètres carrés par jour.

Dans les petites et moyennes plantations, la récolte est surtout faite par les femmes et les enfants. Les premières peuvent cueillir de 50 à 60 kilogrammes de cerises par jour, au moment de la pleine maturité ; mais au début et à la fin de la cueillette, une ouvrière ne ramasse guère plus de 12 à 15 kilogrammes de cerises.

A ces diverses prévisions de dépenses, il y a lieu d'ajouter le prix d'achat du terrain, les frais de construction d'une usine de préparation, les dépenses pour achats d'animaux, de matériel, pour la direction ; celles pour la construction de bâtiments, ainsi que la rente du capital engagé.

A partir de la quatrième année, le caféier d'Arabie entre en rapport, les récoltes augmentent jusqu'à la huitième année et atteignent alors le plein rendement.

C. robusta, kouilouensis, canephora, commencent à produire dès la troisième année et sont en plein rapport vers la septième année.

Pendant les troisième et quatrième années, les récoltes compensent déjà les frais d'exploitation. A la septième année pour *C. arabica* et à la sixième année pour les autres espèces, on atteint la période des bénéfices.

Vers 1902, au moment où le café se vendait au Brésil entre 80 et 100 francs les 100 kilogrammes, l'argent engagé dans la culture du caféier arrivait à rapporter jusqu'à 20 p. 100.

La guerre et ses effets ont bien changé la situation des planteurs de caféiers des colonies françaises. Dans ces dernières années les prix du café se sont considérablement accrus. A Madagascar, ils sont passés, depuis trois ans, par les paliers 600, 800, 1 000, 1 200 et même 1 600 francs les 100 kilogrammes, laissant aux producteurs des bénéfices très substantiels.

La baisse qui s'est produite depuis la reprise du franc a ramené le café à des prix plus bas. On parle actuellement de 500 à 600 francs les 100 kilogrammes sur place. La marge de bénéfice sera forcément restreinte dans de notables proportions, mais si ces derniers prix se maintiennent, la culture du café, après une période d'adaptation, restera intéressante.

En terminant ce paragraphe, indiquons qu'à l'heure actuelle il faut prévoir une dépense de huit à douze milles francs par hectare pour constituer une plantation de caféière et l'amener à la période de production intéressante.

CHAPITRE IX

ENNEMIS DU CAFÉ

Parmi les animaux supérieurs, mammifères et oiseaux, le caféier a quelques ennemis. Dans certains pays, à la Guadeloupe, à la Martinique et au Vénézuéla, par exemple, les rats commettent des dégâts parfois importants, dans les exploitations, en consommant une grosse quantité de baies à maturité.

On a essayé bien des moyens de lutter contre ces animaux, sans parvenir à s'en débarrasser. Les plantations doivent être maintenues en état constant de propreté, afin que les rats y trouvent difficilement à s'abriter. A l'aide de pièges souvent renouvelés et déplacés, on peut en détruire un certain nombre. Les appâts empoisonnés sont aussi d'un grand secours.

On obtient un bon appât en grillant du maïs, que l'on moud ensuite.

A la poudre obtenue, on mélange 20 p. 1000 d'acide arsénieux, et on la place dans des bambous que l'on dispose horizontalement dans les branches des caféiers, de telle sorte que l'accès en soit facile aux rats, sans que l'eau de pluie y puisse pénétrer.

Le maïs bouilli et mélangé à du carbonate de baryum (4 parties de maïs pour une de ce sel), ou trempé dans une solution de strychnine à 2 p. 1 000 est encore très efficace. Il est bon, avant d'employer l'appât empoisonné, de placer pendant quelques jours, à la disposition des rats, les aliments qui le composent pour que les rongeurs s'accoutument à s'en nourrir.

On peut encore accorder des primes aux ouvriers pour la destruction des rats. En tout cas, par tous les moyens, il faut lutter constamment contre ces hôtes dangereux des plantations.

Dans d'autres contrées, on reproche aux écureuils de manger les baies mûres de caféier. Ailleurs, on se plaint des oiseaux, mais les dommages que ces animaux causent sont peu importants, et il est relativement facile de se mettre à l'abri de leurs déprédations en les chassant au fusil.

Il n'en est malheureusement pas de même pour les insectes, les anguillules, les acariens, les pucerons et les champignons inférieurs qui produisent de tels dégâts dans certaines contrées, qu'ils y rendent très difficile, sinon impossible, la culture du caféier.

Hemileia vastatrix. — Parmi les cryptogames parasites du caféier, celui qui s'est acquis la plus triste renommée est incontestablement *Hemileia vastatrix*, « Rust » ou « Coffee leaf disease » des Anglais. Ce champignon, qui appartient à la famille des Urédinées, fut découvert en 1868, à Ceylan. Il s'attaque aux feuilles du caféier sur lesquelles il forme des taches assez semblables à celles que le mildiou provoque sur les feuilles de la vigne. Au début, la maladie apparaît sur les feuilles, regardées par transparence, comme une petite tache d'huile.

Par la suite, cette tache, qui s'est agrandie, est couverte, à la face inférieure de la feuille, d'une poussière de couleur orangée, formée par les spores du champignon.

Ces taches se multiplient sur la feuille au point de l'envahir totalement. Les tissus sont désorganisés par le champignon et la feuille se dessèche, puis tombe. Lorsque le temps est propice, c'est-à-dire lorsqu'il est chaud et humide, la virulence de la maladie est telle qu'en quelques jours elle provoque la destruction et la chute de toutes les feuilles des arbustes atteints.

Les dégâts causés par *Hemileia*, dans les plantations de *C. arabica*, ont été tellement graves que la culture de cette espèce n'est plus pratiquement possible dans les contrées contaminées par ce champignon. C'est ainsi que vers 1870, les exploitations de caféiers

La cueillette du café dans l'Etat de Sao-Paolo, Brésil.

Vue prise sur les séchoirs de la plantation Jandaia, au Brésil.

d'Arabie furent anéanties à Ceylan. A l'heure actuelle, Ceylan, les Indes, l'Indochine, la Chine, la Malaisie, les Philippines, le Natal, l'Est africain, Java, Madagascar et d'une façon générale, tous les pays baignés par l'Océan Indien et par l'Océan Pacifique, sont envahis par *Hemileia vastatrix*.

La culture de *C. arabica* a disparu dans toutes les parties basses de ces pays. Les quelques plantations que l'on y rencontre encore sont situées dans les hautes altitudes, là où la virulence du champignon est atténuée par une température plus basse et par la siccité relative du climat. Et même dans ces régions, pour entretenir les plantations de caféier en bon état, il est indispensable de les placer dans des terrains de fertilité exceptionnelle et de leur appliquer d'abondantes fumures. C'est en raison des conditions spéciales où elles sont installées, tant sous le rapport du sol que sous celui de la fertilisation, que les plantations de *Coffea arabica* du Tonkin peuvent subsister.

Divers procédés ont été mis en œuvre pour essayer de lutter contre *Hemileia vastatrix*, mais aucun n'a montré assez d'efficacité pour assurer aux caféières une certitude d'avenir, même relative.

Les aspersions de bouillie bordelaise ont incontestablement pour effet de gêner la multiplication et l'évolution du champignon. Mais, dans les climats tropicaux, les chutes de pluies sont toujours considérables et fréquentes, et les applications de bouillie devraient être répétées si souvent, pour avoir une réelle efficacité, que le coût en deviendrait prohibitif, sans compter les difficultés auxquelles on se heurterait pour appliquer les traitements dans des plantations de quelque étendue.

Avec des fumures très abondantes et souvent renouvelées, on peut cependant faire vivre *C. arabica* dans les pays où la maladie existe. Malheureusement, c'est là un traitement qu'il n'est guère possible d'exécuter dans les grandes exploitations.

Le meilleur moyen qu'on ait trouvé pour lutter contre cette affection, a consisté à chercher des espèces du genre *Coffea* moins sensibles aux attaques d'*Hemileia* que le café d'Arabie. C'est ainsi que sont entrées dans les cultures les espèces dont nous avons fait mention au début de cet ouvrage.

Elles ne jouissent pas toutes de l'immunité complète à l'égard du parasite, mais elles lui opposent cependant une résistance suffisante pour en rendre possible la culture. Contrairement aux idées acquises, le Libéria est, parmi les espèces nouvelles, l'une de celles qui souffrent le plus des atteintes du champignon.

Toutefois, pour permettre aux planteurs désireux d'expérimenter l'action des bouillies cupriques, et de procéder à ces essais avec le plus de garantie possible, il y a lieu de leur rappeler qu'*Hemileia* vivant dans les tissus mêmes de la feuille, il faut l'atteindre avant qu'il y soit installé. Le traitement doit être préventif, il doit empêcher les spores de germer, et pour cela, il doit se trouver sur les feuilles au moment où celles-ci entrent en activité. En un mot, dans les pays où *Hemileia* est apparent toute l'année, il faut, pour commencer l'application des bouillies, choisir le moment où les traces du cryptogame sont le moins nombreuses sur les feuilles.

Il est indispensable de rechercher des préparations très adhérentes, dont l'action se fera sentir longtemps. Cette condition est d'autant plus nécessaire que le climat est plus humide.

Une préparation ancienne et bien connue est la bouillie bordelaise.

Cette bouillie se compose ordinairement de 2 kilogrammes de sulfate de cuivre pour 100 litres d'eau, avec une quantité suffisante de chaux pour neutraliser le sulfate de cuivre.

Les 2 kilogrammes de sulfate de cuivre sont mis à dissoudre dans 50 litres d'eau. Pour activer la dissolution, on immerge le sel dans un linge ou dans un panier près de la surface du liquide.

Comme il importe beaucoup que la bouillie soit neutre, on devra employer une quantité de chaux suffisante, qu'il n'est pas possible d'indiquer exactement.

Pour éviter les tâtonnements, on fait un lait de chaux avec 2 ou 3 kilogrammes de chaux pour 40 ou 50 litres d'eau. On verse ensuite doucement ce mélange dans la solution de sulfate de cuivre et on arrête lorsque le liquide ne rougit ni ne bleuit plus le papier tournesol.

M. Delacroix indique que l'on reconnaît de la façon suivante là neutralité de la bouillie, quand on ne dispose pas de papier de tournesol.

« Pour reconnaître s'il y a excès de cuivre, on trempe un morceau de fer quelconque, une lame de couteau par exemple, dans le liquide qui surnage ; si le fer se recouvre d'un mince enduit rougeâtre de cuivre, il y a dans la bouillie excès de sulfate de cuivre, et, dans ce cas, le liquide surnageant, tout en restant transparent, conserve une légère teinte bleuâtre.

« S'il y a au contraire excès de chaux, il suffit de recueillir dans un verre un peu de ce liquide qui surnage et de souffler doucement à sa surface ; il s'y forme une mince pellicule blanchâtre de carbonate de chaux dû à l'acide carbonique existant dans l'air expiré. »

On attache beaucoup d'importance à ce que la préparation soit neutre, parce qu'il est reconnu que les bouillies neutres sont plus adhérentes que celles qui sont acides ou basiques.

Il est nécessaire d'employer la bouillie immédiatement après la préparation. On doit la tamiser avant de la mettre dans les appareils pour éviter leur encrassement.

La bouillie est répandue à l'aide de pulvérisateurs. Il faut que le travail soit exécuté avec beaucoup de soin. On doit s'assurer que la bouillie est répandue d'une façon bien uniforme, et que les deux faces des feuilles en sont imprégnées.

La bouillie bordelaise manque d'adhérence ; dans les années très humides, elle est insuffisante pour préserver les vignobles du Midi de la France des attaques du mildiou, aussi, depuis longtemps s'est-on préoccupé de trouver des préparations qui résistent davantage à l'action des pluies.

Les bouillies sucrées, obtenues par addition à la bouillie bordelaise simple d'une certaine quantité de mélasse ou de sucre, adhèrent plus fortement aux feuilles.

La bouillie au savon de M. Lavergne, que l'on obtient en dissolvant dans 100 litres d'eau 1 kilogramme de savon noir et 500 grammes de sulfate de cuivre est très recommandable. M. Delacroix n'en conseille cependant guère l'emploi, car il reste une certaine quantité de sel de cuivre soluble qui peut être nuisible aux organes jeunes.

La bouillie à la colophane de M. Perraud est également très adhérente. Pour la faire, on dissout la colophane dans une solution bouillante de carbonate de soude à 25 p. 100.

Les proportions indiquées sont :

Eau	100 litres.
Sulfate de cuivre	2 kgr.
Colophane solubilisée	0 kgr. 500

Carbonate de soude en quantité suffisante pour alcaliniser légèrement le mélange.

La solution de colophane est versée dans la solution de sulfate de cuivre. Il faut agiter fortement le mélange et lui ajouter une quantité de carbonate de soude suffisante, pour qu'il bleuisse légèrement le papier de tournesol.

Le nombre de traitements à appliquer varie forcément dans de grandes proportions, suivant le climat et les années. Dans une région très humide, il faudrait donner au moins sept ou huit aspersions, sans que l'on soit bien certain que leur action arrivera à préserver les caféiers des déprédations du parasite.

Dans les bons sols, des fumures copieuses, répétées souvent, apportent aux caféiers un surcroît de vigueur qui leur permet de résister au redoutable champignon.

Autres cryptogames parasites du caféier. — La « Mancha de Hierro » due au champignon *Sphaerostilla flavida*, *Pistilina flavida*, *Stilbum flavidum*. *Stilbella flavida* est quelquefois appelée par les Anglais « American Coffee disease ».

Les fructifications de ce cryptogame qui forment tache sur les feuilles, sur les jeunes rameaux et sur les cerises, ont la couleur de la rouille.

Cette maladie existe dans l'Amérique centrale, le Mexique, la

Colombie, le Vénézuéla, les Guyanes, Porto-Rico, le Brésil, la Trinitad, la Jamaïque, etc.. Elle est d'autant plus virulente que les plantations sont plus ombragées. Pour lutter contre elle, on doit favoriser l'arrivée de l'air et des rayons solaires jusque dans l'intérieur des caféiers.

On coupe et on brûle les parties atteintes et on peut lutter préventivement contre la maladie par des aspersions de bouillies cupriques.

La « Leaf spot » est causée par le *Cercospora coffeicola* qui attaque les feuilles et les baies, causant des taches brunes, rousses ou marron. Cette maladie a été signalée aux Indes néerlandaises, au Mexique, à Cuba, à la Jamaïque, à la Trinité, au Brésil, aux Iles Hawaï, au Guatemala, etc..

D'autres champignons produisent des taches sur les feuilles : *Colletotrichum coffeanum* de Porto-Rico, *Gleosporium coffeanum*, de la Réunion et de Madagascar, *Handersonia coffeæ*, du Mexique, etc., sont dans ce cas, mais aucun de ces parasites ne présente un danger comparable à celui que fait courir *Hemileia vastatrix* aux plantations.

Le « Leaf rot » ou « Black rot » des Anglais, « Candelillo » des Vénézuéliens est causé par *Pellicularia koleroga = Erysiphe scandens*. Les feuilles atteintes se dessèchent et portent parfois à leur face inférieure une mince membrane grisâtre qui devient visqueuse et qui se détache facilement quand le temps est humide. Cette maladie a été signalée à la Jamaïque, au Vénézuéla, à la Trinidad et à Porto-Rico. On doit recueillir et brûler les parties atteintes et employer la bouillie bordelaise pour protéger les parties saines.

Capnodium coffea de la Martinique, du Vénézuéla et de l'Equateur, ainsi que *C. braziliense* provoquent des affections comparables à celles causées par *P. koleroga*, mais elles sont plus bénignes.

Necator decretus, « *Stem disease* » des Anglais, a été signalé à Singapour, aux Straits Settlements et à Malacca. Ce champignon s'attaque aux jeunes rameaux dans les tissus desquels il pénètre, provoquant leur pourriture, d'où le nom de « maladie des branchettes », donné à cette affection. On doit ramasser les rameaux atteints et les brûler.

Corticium Javanicum est une maladie assez grave qui existe à Java et à Sumatra, où elle attaque le caféier, le théier, le cacaoyer, Hevea et Castilloa.

Rostrella coffeæ signalé à la Jamaïque, au Natal et à Java, cause des chancres sur les branches, de même que *Nectria ditissima*. Ces parasites sont plus dangereux pour les jeunes plantations que pour les vieilles. On lutte contre eux en recueillant les rameaux atteints et en les brûlant.

Euryachoria liberica attaque les caféiers à la base du tronc, et provoque la pourriture de l'écorce. Il faut couper les arbres atteints au-dessous de la plaie et les brûler. Si la plaie est de faible dimension, on pourra exciser la partie atteinte et goudronner — *avec du goudron de bois,* — la plaie provoquée par cette opération. Cette maladie a été signalée à Java.

Pourridiés. — Le caféier est sujet à des maladies de racines causées par des champignons appartenant à des genres divers. Ces parasites, qui provoquent la décomposition du système radiculaire, sont généralement désignés sous le nom de Pourridiés.

Irpex flavus signalé à Malacca, *Sclerotium sp.* de Porto-Rico, *Phothora vastatrix* du Guatémala, *Dematophora sp.* ou *Rosellinia sp.* de la Guadeloupe, *Helosis sp.* de Sumatra, sont dans ce cas.

Ces parasites causent parfois de graves dégâts aux caféières. Ils se propagent d'ordinaire de proche en proche par les racines et forment, dans les plantations, des taches qui s'agrandissent sans cesse, ou bien ils détruisent tous les plants d'une même rangée. Souvent le terrain où se rencontrent les pourridiés est trop humide et le drainage peut, dans une certaine mesure, atténuer l'activité du parasite. Dès que sa présence est remarquée, on entoure la partie contaminée par un fossé profond, en ayant soin d'établir cette protection à quelques dizaines de mètres au delà des arbres atteints qui limitent le point infecté. On arrache tous les plants qui se trouvent sur la tache ainsi circonscrite, on extirpe le plus de racines possible, et on brûle le tout sur place. Le sol est ensuite labouré et chaulé avec une forte dose de chaux vive, 6 à 8 tonnes par hectare au moins. Il est bon, avant de replanter des caféiers, de cultiver le terrain pendant plusieurs années avec des plantes annuelles, maïs, haricots, etc..

On cite encore comme parasites du caféier les champignons suivants : *Polyporus flavus* du Guatémala, *Phyllosticta coffeicola*, *Coniotyrium coffeæ*, *Colletotrichum incarnatum* et enfin *Cephaleuros virescens*, algue qui apparaît sur les feuilles de *Coffea liberica*, où elle cause en général des dégâts peu importants.

Au Vénézuéla et au Brésil, le caféier porte parfois des parasites appartenant à la classe des végétaux phanérogames et au genre *Loranthus*. On a observé aussi des *Loranthus* sur le caféier aux Indes et à Java ; ces parasites sont peu dangereux, car ils sont très visibles et, par suite, faciles à recueillir et à détruire.

Insectes s'attaquant aux feuilles. — Parmi les insectes, *Cemiostoma coffeella = Elachista coffeella*, microlépidoptère du groupe de Tineites, mérite une mention spéciale. Sa larve mine les feuilles en rongeant le parenchyme entre les deux épidermes. Les taches produites sont brunes ou fauves, aussi la maladie est-elle souvent désignée sous le nom de rouille.

Cet insecte est très répandu ; on l'a observé dans les Antilles, au Vénézuéla, au Brésil, à Madagascar, à Maurice, à la Réunion, en Abyssinie, etc.. Ses dégâts sont parfois très importants, mais heureusement dans bien des cas, ils sont insignifiants.

Là chenille de ce papillon a 4 à 5 millimètres de longueur, elle est blanc jaunâtre, le corps va en s'élargissant de l'anus à la tête. Cette dernière présente à son extrémité une petite tache orangée. Le corps est formé de onze segments.

Elle pénètre dans la feuille de caféier et il est facile de retrouver les larves, qui se réunissent souvent plusieurs ensemble, en séparant les deux épidermes de la feuille.

Après quelque temps (une quinzaine de jours environ) la larve sort des feuilles et se fixe à leur face inférieure, dans un repli ordinairement, où elle tisse une sorte de cocon blanc dans lequel elle se transforme en chrysalide. Un papillon sort de ce cocon au bout de six jours ; il est très petit et excessivement agile, il mesure 5 à 7 millimètres de longueur lorsqu'il a les ailes étendues et son corps n'a guère plus de 2 millimètres de largeur. Dans la journée, il se tient sous les feuilles et s'envole lorsqu'on les remue. Ce microlépidoptère est extrêmement prolifique et donne plusieurs générations par année.

Il peut causer des dommages sérieux aux caféiers, mais il ne met jamais en péril l'existence des plantations comme le fait *Hemileia vastatrix*.

Pour détruire les papillons de l'Elachiste, on conseille d'allumer des feux de place en place dans les caféiers ; les insectes attirés par la lumière viennent se brûler à la flamme.

M. Lecomte préconise une lampe qu'il a vu fonctionner à la Martinique. La flamme de cette lampe se trouve suspendue au-dessus d'un réservoir, qui contient de l'huile, dans laquelle viennent se noyer les papillons.

M. Delacroix indique un dispositif des plus ingénieux, proposé par M. Noël, directeur du Laboratoire entomologique de Rouen.

Voici en quoi consiste ce piège, formé d'un réflecteur fort simplifié et qui peut être réalisé par tout le monde :

« Cet appareil se compose tout bonnement d'une barrique défoncée par un bout et posée horizontalement sur quatre piquets enfoncés en terre, et dépassant le sol de 1 m. 25 environ ; on place sur une brique, au milieu de la barrique, une petite lampe à pétrole et on enduit tout l'intérieur avec de la mélasse destinée à retenir englués les papillons qui y pénètrent. 5 à 6 litres de mélasse suffisent pour cette opération ; on devra chaque soir, avant d'allumer la lampe, faire tourner la barrique une ou plusieurs fois sur elle-même, de façon que la mélasse tombée à la partie inférieure se trouve également répartie et enduise entièrement l'intérieur du tonneau ; le matin à l'aide d'une raclette, on enlève les papillons. »

Il y a lieu d'ajouter que le *Cemiostoma* a des parasites, appartenant au genre Hyménoptère, qui en détruisent une grande quantité. En ramassant et brûlant les feuilles qui tombent, on peut encore anéantir beaucoup de ses larves.

Si une attaque particulièrement grave de cet insecte se produisait, il serait nécessaire de fumer les caféiers, afin de les mettre dans un état de plus grande résistance pour reformer leur feuillage dévoré par les minuscules chenilles.

A Java, sous le nom de *Gracilaria coffeicola*, on a signalé une teigne qui mine la feuille. Les galeries sont différentes de celles faites par *Cemiostoma*. Au lieu d'être larges, elles sont étroites, en zigzag et apparaissent comme argentées.

Insectes attaquant les fruits. — Parmi les insectes s'attaquant aux fruits du café, il faut citer un microlépidoptère, *Thliptoceras octoguttalis*, dont la chenille dévore les baies de caféier à Maurice, à la Réunion et à Madagascar. Dans ce dernier pays, il ne cause que des dégâts insignifiants. Cette chenille ne paraît pas s'attaquer aux baies du caféier de Libéria.

M. Delacroix (*Maladies et ennemis du caféier*), en donne la description suivante :

« L'insecte parfait est un papillon nocturne de 6 millimètres et demi sur 11 millimètres, les ailes étendues, dont la couleur générale est brune avec bordure plus claire. La larve adulte, de 11 millimètres de long sur 2 millimètres de large, est d'une couleur claire, avec deux rangées de taches brunes sur le dos. »

Cette chenille pénètre toujours dans la baie à sa base, près du pédoncule. D'après M. Boutilly, elle se nourrit bien plus volontiers de l'albumen de la graine et elle perfore, pour y arriver, les tissus plus extérieurs du fruit. Lorsque la maturité est presque complète, l'albumen n'est plus attaqué, il est trop dur et la chenille se contente de dévorer la pulpe de la cerise. Nous avons remarqué à Madagascar, que lorsque les fruits sont attaqués quand ils sont jeunes, les grains sont dévorés et la récolte perdue, tandis que lorsque la chenille pénètre dans une baie arrivée à maturité, elle absorbe la pulpe, la baie se dessèche sur l'arbre, mais les grains sont utilisables.

M. Bordage, qui a étudié l'insecte à la Réunion, estime que ses dégâts peuvent être importants. D'après lui, la moitié de la récolte peut être détruite.

Le même auteur dit que les ravages de cet insecte ne se bornent pas à la destruction des cerises. Quand la récolte a été faite, les femelles du papillon ne trouvant plus de baies, déposent leurs œufs sur les bourgeons terminaux des jeunes rameaux. Les larves qui en proviennent pénètrent dans la profondeur du bourgeon, puis dans la moelle des tiges, où les galeries qu'elles creusent peuvent atteindre jusqu'à 20 centimètres de profondeur.

D'après M. Delacroix, cet insecte aurait été signalé par différents auteurs en d'autres régions : au Natal, à Ceylan, en Australie, dans l'Inde.

Il semble difficile d'indiquer un moyen efficace de lutte contre lui. Les feux destinés à attirer les papillons la nuit n'ont pas donné de résultats appréciables. M. Boutilly conseille de récolter et de détruire, en les brûlant ou en les enfouissant dans la chaux, les baies et les brindilles attaquées.

On reconnaît les baies, lorsqu'elles sont atteintes depuis quelque temps, à leur coloration brune. La perforation produite par l'insecte n'est pour ainsi dire pas visible et les fruits atteints peuvent passer inaperçus ; aussi, sera-t-il bon d'enlever tout le glomérule si l'on y remarque quelques cerises attaquées. Le résultat sera d'autant plus certain qu'on aura effectué plus tôt ce nettoyage.

Parmi les insectes s'attaquant aux fruits, citons : *Ægus acuminatus* qui est un coléoptère dont les larves vivent de la pulpe des baies.

Bactrocera conformis est un diptère dont la larve dévore la pulpe des fruits ; il est répandu dans l'Ouest de Java.

Strachia geometrica est un hémiptère qui pique et suce les baies dont il provoque la chute. Contre tous ces parasites, on est malheureusement très peu armé.

Borers. — Le café aussi a ses borers. Ces insectes percent les rameaux, les branches et même parfois les tiges. Ils déposent leurs œufs dans le canal médullaire de la branche attaquée ; les larves y creusent des galeries, et en provoquent la mort.

Ces insectes causent des dégâts assez importants parfois. On les rencontre surtout dans les jeunes plantations et les arbres exposés au soleil sont ceux qui sont le plus attaqués. Il nous a été donné de voir, à Madagascar, des jeunes arbustes de cinq à six ans ayant perdu dans une année, trois, quatre et même cinq et six branches, par suite des attaques du borer.

Ordinairement les branches attaquées meurent complètement ; il en est de même pour les tiges et souvent on a déploré la perte d'arbres complets.

Le moyen qui, jusqu'à présent, a semblé le plus pratique pour lutter contre les borers, consiste à couper les parties atteintes et à les brûler. Toutes les larves qu'elles contiennent se trouvent ainsi anéanties.

On peut également les détruire en injectant du chloroforme, du sulfure de carbone ou de la benzine dans leurs galeries ou en obturant les galeries à l'aide de tampons de coton imprégnés de ces liquides. Ces traitements sont malheureusement assez difficiles à réaliser dans la pratique courante.

Le plus connu des Borers du caféier est le *Xylotrechus quadripes*. C'est un coléoptère longicorne commun dans l'Inde, à Ceylan, en Cochinchine et au Tonkin. Il a environ 2 centimètres de longueur. Dans ces pays on cite aussi un lépidoptère, *Zeuzera coffeæ* (fig 23), « red borer » des Anglais.

Herpetophygas fasciatus est un borer longicorne de l'Est africain qui attaque *C. arabica*.

Au Congo, *Monohamnus sierricola* attaque *C. arabica* et *liberica* ; *Coptops fusca* parasite *C. canephora, kouilouensis et arabica*.

A Java et aux Célèbes, on a observé plusieurs borers sur les caféiers : *Thranodes pictivensis, Praonetha melanura*, notamment, qui sont des coléoptères longicornes.

D'autres ennemis du caféier sont encore signalés : l'*Apate franciscea* et l'*A. Manachus* sont des insectes xylophages qui s'attaquent, le premier à *C. liberica*, le second à diverses espèces de caféiers du Congo. Ils creusent des galeries dans l'écorce. On doit enlever les parties atteintes et les brûler avec les larves. On conseille également l'injection de benzine dans les galeries.

A ces insectes viennent se joindre, pour des dégâts autres, *Agrotis segetum*, ou noctuelle des moissons, qui est un lépidoptère existant dans plusieurs pays où l'on cultive le caféier. Ses larves rongent les jeunes plants de caféier à Java, à Ceylan et aux Indes en particulier. On ne peut guère, dans la destruction de ces insectes, qu'essayer de prendre les papillons avec des pièges lumineux et de ramasser les chenilles.

On a signalé dans différents pays des larves terricoles, de coléoptères, comme ennemies du caféier. *Lachnosterna pinguis*, lamellicorne melolonthide, *Ancyclonycha*, *Exopholis hypoleuca*, *Xylotrupes gideon*, sont dans ce cas. Ces insectes causent des dégâts dans les caféières de Java et de Ceylan, notamment.

On ne connaît d'autre procédé efficace de lutte que le ramassage des insectes parfaits.

Des courtilières, entre autres

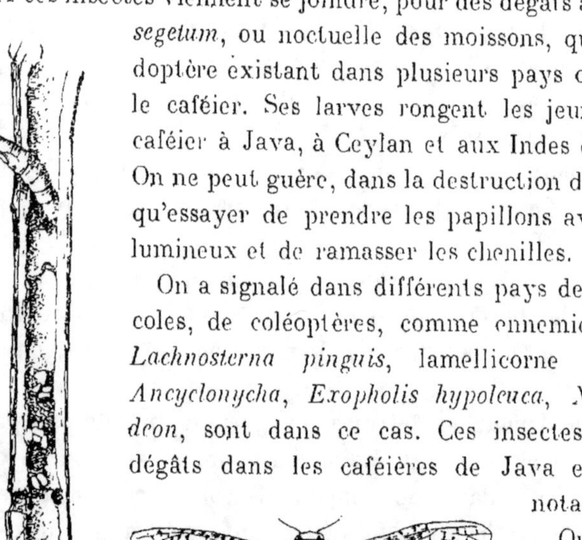

Fig. 23. — *Zeuzera coffeæ*. Borer du cacaoyer à Java. Larve et papillon femelle.

Gryllotalpa africana, nuisent aux jeunes caféiers à Java.

Pucerons. — A Madagascar, on rencontre fréquemment des pucerons sur les caféiers, et aussi bien sur les Libéria que sur les autres espèces. Ces petits insectes s'attaquent aux feuilles ; ils vivent ordinairement à la face inférieure de celles-ci. Leurs piqûres provoquent un recroquevillement des feuilles atteintes et quelquefois une décoloration. On peut se débarrasser des pucerons en aspergeant les arbustes atteints avec du jus de tabac ou une émulsion de savon noir et de pétrole, composée de :

        Pétrole........................... 3 kilogrammes.
        Savon noir........................ 2   —
        Carbonate de soude 1   —
        Eau .... 100 litres.

On dissout d'abord le savon et le carbonate de soude dans 20 litres d'eau chaude, on ajoute ensuite le pétrole en agitant fortement, et on complète à 100 litres avec de l'eau.

Cochenilles. — Il existe plusieurs espèces de cochenilles sur les
caféiers. Les plus dangereuses appartiennent aux espèces *Lecanium* et *Dactylopius* ou à des espèces très voisines.

Les *Lecanium* femelles ne se meuven que dans leur très jeune
âge. Elles se fixent sur les feuilles et sur les jeunes rameaux dans
lesquels elles enfoncent leur rostre pour en sucer la sève. Ce parasite a été signalé en différents pays, à Java, à Ceylan, à Madagascar. Il en existe d'ailleurs plusieurs espèces : *L. caudatum, L. hemi-
sphærium, Lecanum nigrum* qui ont eux-mêmes plusieurs parasites.

Dactylopius adonidum porte à Madagascar et à la Réunion le
nom de pou blanc. Les Anglais l'appellent *whitebug* ou *mealybug ;*
il vit sur les tiges et sur les racines des différents *Coffea.* Il s'y
recouvre, à la longue, d'une coque cireuse qui le fait ressembler à
un groupe de champignons. Ce parasite est très dangereux et il
faut lut'er contre lui à l'aide de l'émulsion savonneuse de pétrole
indiquée plus haut.

Les cochenilles de Madagascar appartiennent à un genre voisin
de *Dactylopius*, d'après M. Vayssière, qui les a étudiées sur des échantillons que nous lui avons remis. Leurs mœurs sont celles de *Dactylopius.*

M. Delacroix semble différencier les cochenilles souterraines
de celles qui vivent sur des organes aériens du caféier ; leurs mœurs,
en tout cas, sont analogues et l'espèce de Madagascar vit indiffé-
remment sur les organes aériens et sou'errains du caféier.

Les cochenilles des racines se propagent de proche en proche par le sol et elles occasionnent, dans les plantations, l'apparition de taches qui peuvent faire croire à la présence de pourridiés. Elles peuvent causer de très graves dégâts et il est indispensable de les combattre vigoureusement.

Les cochenilles et les pucerons provoquent, sur les feuilles attaquées, l'apparition de champignons : *Triposporium Gardnesi* et *Capnodium coffea* notamment, désignés sous le terme général de fumagine. Ces cryptogames, qui ne sont pas des parasites proprement dits, causent cependant des troubles de végétation en gênant la respiration des plantes. La destruction des insectes qui sont la cause de leur développement entraîne leur disparition.

Maladies vermiculaires. — Des nématodes appartenant au groupe des Anguillules notamment, *Heterodera radicicola*, nuisent gravement au caféier d'Arabie dont ils attaquent les racines, provoquant des désordres désignés sous le nom de maladie vermiculaire.

Vers l'année 1900, on a fait beaucoup de bruit au sujet de ces maladies, mais il est possible qu'elles aient été confondues avec d'autres affections, car depuis cette époque, il n'a plus guère été parlé des dégâts qu'elles auraient causés.

M. Jobert, zoologiste français, donnait, des arbres atteints, la description suivante :

« Un caféier qui offre toute l'apparence d'un arbre sain et vigoureux présente du jour au lendemain l'aspect d'un arbre étiolé, les feuilles pâlies deviennent tombantes, celles du haut jaunissent promptement et tombent les premières. En huit jours, et souvent moins, l'arbre est entièrement dépouillé de ses feuilles et les extrémités des rameaux sont déjà desséchées ; le caféier est irrévocablement perdu.

« Si on le fait arracher, on voit que le chevelu a disparu complètement, plus de racines de petite taille, et les racines de la grosseur d'un tuyau de plume apparaissent comme rongées ; l'écorce a disparu même sur la plus grande partie du pivot.

« En examinant les racines atteintes, on remarque de nombreuses nodosités à l'intérieur desquelles vivent et se reproduisent les anguillules. »

La présence d'*Heterodera radicicola* a été signalée au Brésil, dans les Antilles, en Amérique centrale et à Java.

Dans l'Etat de Sao-Paolo, on a observé une maladie vermiculaire attribuée à un nématode nommé *Alphelenchus coffea*. A Java, on a observé sur *C. arabica* et *C. liberica* des anguillules auxquelles on a donné le nom *Tylenchus coffea*.

On a conseillé d'injecter du sulfure de carbone dans le sol des plantations attaquées. On peut encore employer le sulfocarbonate de potassium, mais ce qui nous semble bien préférable, c'est d'entourer les points atteints par un fossé, comme s'il s'agissait de combattre un pourridié, d'en arracher tous les plants, d'en extraire les racines et de brûler le tout sur place. Après quoi, on cultive le sol, pendant quelque temps, à l'aide de plantes insensibles aux nématodes.

A la Martinique, on a conseillé de greffer *C. arabica* sur *C. liberica* pour lutter contre *Heterodera radicicola*.

CHAPITRE X (1)

LE COMMERCE DU CAFÉ

En 1926, la France a importé (commerce spécial) 1 538 933 quintaux métriques de cafés en fèves et pellicules, représentant une valeur déclarée de 2 251 239 000 francs. Voici, d'après la statistique de la Direction générale des Douanes, quels ont été, par ordre d'importance, les principaux pays fournisseurs :

Brésil..........................	930 414	quintaux.
Indes néerlandaises....................	203 600	—
Haïti	203.366	—
Nicaragua	53 980	—
Vénézuéla	29 823	—
Madagascar......................	19 206	—
Indes anglaises	18 801	—
San Salvador	6 291	—
Grande-Bretagne (réexporté)	4 159	—
Etats-Unis (réexporté)	2 346	—
Colombie	2 212	—
Autres pays	64 735	—
Total	1 538 923	quintaux.

Parmi les « autres pays », il faut comprendre le contingent de l'Indochine : 1 390 quintaux, celui des autres colonies, Guadeloupe, Martinique, Réunion, 17 593 quintaux, enfin les réexportations faites par la Hollande, 6 137 quintaux.

En 1925 et 1924, les importations s'étaient respectivement éle-

---

(1) Ce Chapitre a été écrit en collaboration avec mon excellent camarade M. Drouot, du Comité d'action agricole coloniale.

vées à 1 681 244 quintaux, d'une valeur de 1 732 146 000 francs et à 1 709 070 quintaux, valant 1 342 135 000 francs.

Les diminutions d'importations que l'on peut constater tiennent principalement à la réduction des quantités de café mises à la disposition de la consommation par les autorités brésiliennes en limitant les arrivages dans les ports de Rio et de Santos. (Voir plus loin.)

Les grands ports d'importations sont en France, Le Havre, Marseille et Bordeaux. D'autres grands marchés existent, en Europe, à Londres, Anvers, Rotterdam et Hambourg, et, en Amérique, à New-York. Malgré la concurrence faite par ceux-ci aux marchés français, Le Havre n'en reste pas moins le marché régulateur des prix du café pour l'Europe. En 1925, ses importations ne se sont pas élevées à moins de 1 372 283 quintaux.

PRÉPARATION DU CAFÉ POUR L'EXPÉDITION

Avant d'être mis en vente, le café décortiqué est généralement passé dans un trieur mécanique d'où les grains sortent classés par grosseurs en plusieurs catégories : première, deuxième, troisième, peaberry ou caracoli et triage (grains cassés). Le décorticage et le triage du café sont souvent faits dans le pays d'origine. Il arrive cependant que l'on expédie le café en parche sur le pays de consommation, où ces deux opérations ont lieu. Le café qui voyage en parche conserve une coloration plus intense qui lui fait souvent obtenir des prix supérieurs à ceux des autres qualités.

La question de savoir si le planteur doit nettoyer et trier luimême son café ou bien s'il doit l'expédier en parche est à résoudre par le planteur lui-même, d'après les conditions locales dans lesquelles il se trouve. On a constaté, toutefois, à Londres, au moins dans certains cas, que des cafés de l'Uganda, nettoyés et triés dans cette ville, avaient fourni une proportion plus élevée de bonnes qualités que les mêmes cafés triés sur le lieu de la plantation.

De plus, le triage effectué en Europe permet de mieux constituer les catégories qui ont la faveur du marché.

Dans leur ouvrage, *Planting in Uganda*, Brown et Hunter signalent que deux envois de cafés récoltés et séchés dans des conditions identiques, expédiés à la même date, mais dont l'un avait été nettoyé en Uganda, tandis que l'autre le fut à Londres, ont montré les différences suivantes dans le classement des grains par catégories :

	Peaberry (caracoli)	Bold (grandes fèves)	Medium (moy. f.)	Small (pet. f.)
Lot nettoyé à Uzanda	9,41	6,22	46,87	37,50
— à Londres	6,00	56,00	20,00	18,00

A ce moment la différence entre la qualité « bold » et celle « médium » était d'environ 3 shillings par 50 kilogrammes, de sorte que le lot nettoyé et trié à Londres bénéficia d'une plus-value considérable.

EMBALLAGES

Les sacs en toile de jute, de coton ou de chanvre à fils de grosseur variable, et à trame plus ou moins serrée, sont les plus employés pour le transport du café. Suivant les pays, ces sacs ou balles contiennent 60 ou 80 kilogrammes de fèves. Ces emballages sont assujettis à un droit de douane qui varie suivant leur poids et suivant le nombre de fils contenus dans un carré de 5 centimètres.

Au Brésil, les sacs contiennent 60 kilogrammes de café ; ils pèsent 500 grammes environ.

Les sacs employés à Haïti sont en forte toile et pèsent 1 100 grammes environ et peuvent contenir 80 kilogrammes de fèves.

Au Vénézuéla, les emballages ne pèsent guère que 300 grammes, tout en contenant 60 kilogrammes de café. La tare de 300 grammes ne peut s'appliquer qu'au Maracaïbo.

Les Cumara, Cabello, Caracas sont emballés dans des toiles serrées pesant environ 800 grammes.

Aux Antilles, les cafés guadeloupéens sont exportés dans de

petits tonneaux appelés « quarts », « tierçons » ou « boucauts », et dont le poids oscille entre 9 et 10 kilogrammes. Ce mode d'emballage permet au café « bonifieur » de conserver sa belle couleur vert tendre qui s'altérerait au contact de l'air.

La Réunion et Madagascar expédient leurs cafés en fardelles ou nattes confectionnées par les femmes indigènes à l'aide de joncs et d'herbes de marais. Ces emballages ne sont malheureusement pas de capacité ni de poids uniformes ; les fardelles reçues au Havre se tiennent toutefois aux environs de 25 kilogrammes. Ces cafés sont également livrés en sacs de toile d'environ 60 kilogrammes.

Le ballotin n'est pas d'usage facile pour le commerce, tant au point de vue des tares qu'au point de vue du logement. Le poids brut de ces ballotins varie de 25 à 60 kilogrammes.

Le café de Porto-Rico voyage en quarts ou en fûts, parfois en sacs ; celui du Mexique en balles recouvertes d'une enveloppe de latanier et ficelées.

Aux Indes, on emploie des caisses pouvant contenir 125 kilogrammes de café. Le poids de ces caisses, qui est de 40 kilogrammes environ, rend ce mode d'emballage fort onéreux. D'autre part, le bois qui sert à la fabrication de ces caisses doit être sans aucune odeur spéciale qui pourrait se communiquer au café.

La côte de Malabar loge son café par 75 kilogrammes dans des sacs renforcés du poids de 1 kgr. 500.

Tares. — Il est de l'intérêt des exportateurs de loger leurs cafés dans des emballages dont le poids se rapproche le plus possible de la tare admise par les usages commerciaux des grands marchés de cafés. Si le poids de l'emballage est inférieur à la tare admise, le complément de cette tare est naturellement fourni par une certaine quantité du café renfermé dans le sac et c'est une perte pour le vendeur. Si l'emballage est au contraire trop lourd, il y a lieu à réfaction.

Sur le marché du Havre, la tare générale pour les sacs est de 2 p. 100 du poids brut, sauf les exceptions suivantes :

1º *Pour le café Bourbon.*

Tare de 1 kilogramme par balle simple emballage en natte ;
Tare de 2 kilogrammes par balle en double natte ;
Tare de 1 kilogramme et demi, par demi-balle en double natte ;
Tare de un demi-kilogramme par demi-balle en simple natte.

2º *Pour le café Moka.*

Tare nette de 1 kilogramme par balle et de un demi-kilogramme par demi-balle ; pour les ballotins, 1 kilogramme par 100 kilogrammes.

Pour les cafés logés en fûts ou en caisses on compte la tare nette.

On pèse par deux sacs ou deux balles, excepté le Moka qui se pèse balle à balle. Les fûts et les caisses se pèsent un à un.

TRANSPORT ET DÉBARQUEMENT DU CAFÉ.

Au moment de l'embarquement des sacs de café, les Compagnies de Navigation ou leurs représentants délivrent aux chargeurs des connaissements signés en plusieurs exemplaires, constatant la nature de la marchandise embarquée, le nombre de sacs et leur poids.

Les traites tirées par les vendeurs sur les destinataires doivent être accompagnées du connaissement, d'un duplicata de la facture, d'un certificat d'origine visé par le Consul français au pays d'origine et, 'il s'agit d'un envoi caf, d'une copie de la police d'assurance.

A son arrivée dans le port de débarquement, le café est déchargé par des entrepreneurs spécialisés ; puis ont lieu les opérations de mise en douane, d'échantillonnage, de réception et de mise en entrepôt réel. Toutes ces opérations, souvent méticuleuses, sont confiées à un personnel très au courant de ces affaires.

La mise du café dans l'Entrepôt réel des Douanes comporte des frais de : pesage et lotissage, transport en magasin, arrimage, droit de séjour, assurance contre l'incendie. Ces frais sont tarifés par la Chambre de Commerce du Havre et le barème est homologué par décret. (Voir *Conditions de vente du Café au Havre*).

De même à leur sortie de l'entrepôt réel, les cafés supportent des frais de : désarrimage, pesage, conditionnement, marquage et échantillonnage, sac par sac.

Dans cet entrepôt, les négociants sont autorisés à effectuer, sous la surveillance de la Douane, des mélanges de cafés de *même origine*. Haïti avec Haïti, Santos avec Santos, par exemple. Les mélanges de café d'origines diverses sont interdits.

Avaries. Expertise. Responsabilités. — En cours de route, les cafés peuvent subir des avaries : par l'eau de mer, par la buée de la cale, par l'ammoniaque dégagé de matières animales en décomposition (cuirs, laines, cornes, suifs) transportées à bord en même temps que le café, par l'huile ou la graisse pendant le chargement ou à cause d'un arrimage défectueux, par les poussières de charbon pénétrant dans la cale, etc. De plus, les sacs ont pu subir des pertes, soit par déchirures ou par rupture des coutures, soit encore à cause des rats.

Des experts sont alors désignés par les négociants importateurs, d'accord avec les agents des assurances maritimes, en vue d'établir l'importance des déchets, ainsi que les réfactions à accorder aux acheteurs et aussi en vue d'établir les responsabilités. Au-dessous de 3 kilogrammes de déchets par sac, l'assuré conserve sa livraison, mais reçoit une indemnité ; si ce chiffre est plus élevé, les assureurs peuvent garder les sacs de café et les vendre publiquement à leur compte.

Les avaries occasionnées par l'eau de mer et par la buée de la cale sont à la charge des assureurs, ainsi que la moitié des déchets causés par les rats. Les transporteurs, eux, sont responsables des pertes résultant des accrocs ou déchirures aux sacs et de la moitié des manquants dus à la visite des rats.

Les avaries par l'ammoniaque, l'huile et le charbon sont également à la charge des transporteurs.

Café mélangé de fèves puantes. — Certaines provenances, principalement les Porto-Rico et les Guatemala, contiennent, en proportion plus ou moins forte, des fèves désignées fort exactement sous le nom de fèves puantes (1). On rencontre également des fèves puantes dans les Bahia et Victoria.

Ces fèves sont généralement de couleur brunâtre, tirant sur la nuance lie de vin et dégagent une odeur écœurante, fétide, qui décèle facilement leur présence ; écrasées sous la dent, elles ont une saveur infecte. Une seule fève de cette nature, mélangée au brûloir avec une quantité de 2 kilogrammes de café sain, lui communique une odeur et un goût nauséabonds.

La présence de fèves puantes, même en proportion minime, dans un sac de café, légitime son refus.

Une préparation mal conduite a pour effet, avons-nous dit déjà, de favoriser l'apparition des fèves puantes dans le café de Libéria. Nous attirons une fois de plus l'attention des planteurs sur l'absolue nécessité de soigner la préparation du café de Libéria pour éviter la production des fèves puantes qui le déprécient complètement.

Droits de douane et taxes diverses

Les droits de douane ne sont acquittés qu'au moment où les cafés sont sortis de l'entrepôt réel pour être livrés à la consommation sur le territoire français.

Le tarif général de 300 francs par 100 kilogrammes n'est appliqué qu'aux pays étrangers n'ayant pas de traité de commerce avec la France. Le tarif minimum, 136 francs par 100 kilogrammes, est appliqué aux cafés des autres pays étrangers : Brésil, Haïti, Mexique, Nicaragua, San-Salvador, Indes néerlandaises, Inde anglaise (2), etc..

---

(1) *Culture du caféier*, par E. RAOUL, et sa *partie commerciale*, par E. DAROLLES. Challamel, éditeur.

(2) La loi du 6 avril 1926 et le décret du 14 août 1926 ont fait subir à ces tarifs deux majorations de 30 p. 100. Pour simplifier, on applique aux droits de base le coefficient 1,7.

Quant aux cafés de nos anciennes colonies et de celles bien démarquées territorialement (Martinique, Guadeloupe, Réunion, Indochine, Madagascar et dépendances, Nouvelle-Calédonie, Gabon), ils entrent en franchise.

Les cafés de la Côte d'Ivoire, de la Guinée française, du bassin conventionnel du Congo et des Nouvelles-Hébrides bénéficient actuellement d'une détaxe de 78 francs. Ils ne payent donc que 58 francs par 100 kilogrammes. Les quantités pouvant être importées au bénéfice de la détaxe sont fixées annuellement par décret.

Indépendamment des droits de douane, tous les cafés, qu'ils soient de provenance étrangère ou bien coloniale, sont soumis à un droit de consommation fixé actuellement à 180 francs par 100 kilogrammes. Ils payent, en outre, une taxe à l'importation de 8 p. 100 remplaçant les perceptions successives de la taxe sur le chiffre d'affaires à l'intérieur du pays.

Conditions de vente au Havre des cafés

Usages de la place. — Prenant en considération une demande formulée par les principaux négociants en cafés de la place, les courtiers en cafés, assermentés près le tribunal de commerce du Havre, ont décidé qu'il ne serait plus accordé de réfactions pour pierres qu'à partir et au-dessus de 10 décagrammes.

La Chambre de Commerce, dans sa séance du 10 mai 1901, a ratifié comme usage de place, la résolution de l'Assemblée générale du Syndicat du Commerce des Cafés décidant qu'il était du devoir de l'importateur, premier déclarant en douane, d'apprécier par l'examen des emballages et au besoin par des épreuves de leur poids, si le café doit être déclaré en douane à la tare légale ou à la tare nette et, en outre, que si, par suite d'une erreur d'appréciation ou par négligence, l'importateur fait entrer en douane à la tare légale du café devant être acquitté à la tare nette, ou à la tare nette du café devant être acquitté à la tare légale, il commet une faute dont il doit subir les conséquences.

BOURSE DE COMMERCE DU HAVRE

Règlement du marché des cafés autres que d'Haïti.

*Règlement mis au point par l'Assemblée générale
du 20 décembre 1923.*

ARTICLE PREMIER. — Les affaires à terme s'accompliront dans le courant du mois stipulé, au gré du vendeur, au moyen de filières de deux cent cinquante sacs en état d'origine et d'importation directe, sauf les cas prévus ci-après. Chaque filière devra mentionner les marques et le nombre de sacs par séries, le nom des navires et les numéros de déclaration des cafés présentés en livraison ; les marques et quantités énoncées sur la filière pouvant se trouver modifiées, les sacs ou séries qui manqueraient seront remplacés, sans aucun délai, par le vendeur : le receveur n'aura droit à aucune autre indemnité que les frais de remplacement. Ces modifications seront au maximum de cent sacs par filière.

ART. 2. — La livraison devra être faite soit dans les magasins des docks, soit sur les quais, soit dans l'un et l'autre endroits.

ART. 3. — Toute filière devra être mise en circulation par celui qui l'aura créée, au moins quarante-huit heures et au plus cinq jours avant le moment indiqué pour la livraison. Les dimanches et jours fériés ne compteront pas dans ce délai de quarante-huit heures, les jours demi-fériés et les samedis compteront pour une demi-journée. Les jours demi-fériés sont ceux admis par la généralité du commerce. La livraison devra être terminée au plus tard je dernier jour ouvrable du mois, sauf le cas de force majeure. — Le pesage commencé le dernier jour du mois pourra être continué le ou les jours ouvrables suivants, si le café était prêt à être pesé et les commandes régulièrement déposées. — Les remplacements, s'il y a lieu, devront être effectués au plus tard dans les quarante-huit heures de la remise au livreur du bulletin d'arbitrage ; s'ils sont faits après l'expiration du mois vendu, ils devront être effectués avec du café qui aurait été prêtà être livré sur le dit mois. En tous cas, les frais résultant du remplacement seront à la charge du livreur. — Nul ne sera forcé d'accepter, après trois heures, une filière indiquant une livraison pour le lendemain matin, ni après dix heures, une filière indiquant une livraison pour l'après-midi du même jour. Celui qui, par suite, restera en possession d'une filière, sera tenu d'en prendre livraison à moins qu'il n'ait obtenu, du premier livreur, un délai permettant à cette filière de continuer sa marche ; dans ce dernier cas, il devra le payement de l'intérêt à 6 p. 100 l'an pour le délai accordé et règlera directement cette différence avec le livreur. — Le livreur ne pourra toutefois pas refuser une première remise de vingt-quatre heures d'une filière, pourvu que cette remise n'empêche pas la livraison d'avoir lieu dans le courant du mois. — L'endossement d'une filière devra indiquer l'heure de sa remise aux mains de l'acheteur. — Le détenteur d'une filière qui l'aura retenue au delà du temps moral nécessaire à son endossement pourra être rendu responsable des conséquences du retard qu'il aura occasionné.

Art. 4. — Sur la filière, le livreur indiquera le cours du jour de son émission et la somme exacte qui devra lui être versée par le receveur avant l'enlèvement de la marchandise et contre la remise des transferts de douane et de dock en règle. Pour les filières accompagnées d'un certificat d'arbitrage, la bonification ou la réfaction pour différence de qualité, s'il y en a, sera à ajouter ou à déduire de la somme à verser. — Ce versement devra être effectué quarante-huit heures après la livraison terminée, et la valeur courra du jour du dernier sac pesé. Le versement sera basé sur le poids de 14 700 kilogrammes nets, calculés au cours indiqué, moins escompte de 1 3/4 p. 100. Le payement d'une filière non typée ne sera obligatoire qu'aussitôt l'arbitrage définitif, mais les intérêts partiront du jour du pesage terminé et le receveur aura la faculté de déduire de la somme à verser la réfaction prononcée.

Art. 5. — Les endosseurs de la filière établiront leurs factures respectives sur le poids de 14 700 kilogrammes nets en portant en règlement la somme à verser par le receveur.

Le receveur et le livreur règleront directement entre eux et sans aucune responsabilité envers les endosseurs de la filière ni recours contre eux, les bonifications ou réfactions qui pourront être prononcées, ainsi que la différence, en plus ou en moins, entre le poids de 14 700 kilogrammes nets et le poids réel ; la valeur de cette différence sera fixée par la cote de trois heures du jour de la livraison.

Art. 6. — De même, les difficultés qui pourraient se présenter lors de la livraison seront réglées en dehors des endosseurs de la filière, directement entre le livreur et le receveur.

Art. 7. — La valeur d'une filière datera, pour les endosseurs, de la fin du mois contracté ; et les excédents devront être réglés à partir de ladite date, et au plus tard, dans les deux jours qui la suivront, avec intérêts de retard à 6 p. 100 l'an.

Cette même valeur courra, pour le receveur, comme il a été dit précédemment, le livreur lui tiendra compte de l'intérêt de 6 p. 100 l'an, sur ses versements anticipés, pour tout retard provenant de son fait.

La livraison n'est considérée comme effectuée qu'après pesage du dernier sac complétant la filière.

Art. 8. — L'arbitrage et le contre-arbitrage, s'il y a lieu, ainsi que la remise des bulletins, seront faits par la Chambre d'arbitrage aux conditions de son règlement ; l'échantillonnage des cafés se fera aux conditions de ce même règlement.

Il sera perçu pour frais de dépêches, d'arbitrages et autres, une taxe qui sera déterminée par la Chambre syndicale.

Art. 9. — Une filière déjà arbitrée et accompagnée de son bulletin d'arbitrage, sera livrée sans nouvel arbitrage ; et le secrétaire de la chambre arbitrale devra fournir, à toute réquisition, un duplicata du bulletin primitif.

Art. 10. — On ne pourra pas émettre de filières contenant plus de quinze séries ; passé ce chiffre et jusqu'à dix-huit séries, le livreur devra bonifier au receveur 20 francs par série en excédent ; au delà de dix-huit séries, la filière sera refusée.

Le maximum des déclarations de douane est limité à trois par filière ; il sera alloué par le livreur au receveur une bonification de 50 francs pour le quatrième compte et de 100 francs pour le cinquième compte. Au delà du cinquième compte, la filière sera refusable.

ART. 11. — Le café Santos good average formant la base du marché devra, dans l'ensemble, être équivalent à deux sixièmes supérieur ; trois sixièmes Good ; un sixième Régular.

Les types de ces trois qualités sont déposés à la Chambre de Commerce, à la Chambre syndicale des Courtiers assermentés et à la Chambre d'arbitrage, suivant les règlement établis. Les filières de café Santos devront être composées exclusivement de cette sorte. Ce filières seront livrables jusqu'à 6 francs de plus-value ou jusqu'à 4 francs de réfaction, le Régular ne pourra être arbitré que jusqu'à 2 francs au-dessous du type. Les sacs avariés au delà de 2 kilogrammes pourront être livrés après parfaite bonification, jusqu'à concurrence de vingt-cinq sacs par filière. Ils devront provenir du même compte, du même navire et des mêmes séries que l'aliment des filières.

ART. 12. — Le vendeur a la faculté de se libérer de son contrat par la livraison de cafés en état d'origine, de qualité loyale et marchande, des provenances suivantes, d'importation directe ou indirecte :

1° Haïti trié : (a) Des Gonaïves ou de Saint-Marc avec une prime de 11 francs ; (b) du Cap-Haïtien, Jacmel, Petit-Goave, Port de Paix, Miragoane et Port-au-Prince avec une prime de 8 francs ; (c) Cayes, Jérémie et Aquin ou toute autre provenance d'Haïti, avec une prime de 3 francs.

2° Du Vénézuéla, de la Colombie, du Nicaragua, avec une prime de 4 francs.

3° Du Salvador avec une prime de 6 francs. Ces filières devront peser 15 000 kilogrammes bruts minimum et leur pesage sera arrêté dès que ce chiffre sera atteint.

Au point de vue du triage, ces cafés seront assimilés au Santos à partir du good et pourront jouir de la même plus-value de classement que les Santos, indépendamment des primes de provenances indiquées ci-dessus. Tout café classant au-dessous de good sera refusé. L'arbitrage de ces cafés sera fait sur des échantillons prélevés en détail par les docks-entrepôts. Les pierres seront réfactionnées intégralement si leur poids excède 10 décagrammes par sac. Les Haïti triés contenant plus de 100 grammes de pierres par 50 kilogrammes seront refusés.

Le vendeur pourra également se libérer par la livraison de café Santos en état d'origine, provenant de tous entrepôts français ou étrangers, la surtaxe des importations indirectes restant à la charge du livreur. Si les cafés autres que le Brésil sont frappés d'un droit supérieur à celui des Santos, la différence de droit est également à la charge du livreur.

Toute filière ne sera composée que d'une seule provenance, qui devra être indiquée. Chaque pays distinct formant une provenance différente.

Art. 13. — Le vendeur a la faculté de retarder la livraison de sa vente, au prix de son contrat d'un mois sur le mois suivant. — En ce cas, il devra, au plus tard le 25 du mois, sur lequel il aura vendu, en faire avant midi la déclaration écrite à la caisse de liquidation qui la transmettra à qui de droit, ou à son acheteur si l'affaire a été faite hors caisse. — Cette déclaration devra être accompagnée de l'indemnité stipulée ci-après pour retard de livraison, et devra circuler sans aucun délai jusqu'à ce qu'elle ait atteint le dernier acheteur en filière.

L'indemnité est fixée à 5 francs par 50 kilogrammes, payable comptant, sans escompte, et restera définitivement acquise à l'acheteur ; toutefois, quand le cours du café sera supérieur à 100 francs, l'indemnité sera fixée à 5 p. 100 de la valeur du mois sur lequel la livraison aurait dû être faite en prenant pour base la cote du 25 au matin (ou la cote de 10 heures du dernier jour ouvrable précédent, si le 25 est férié), et le poids de 14 700 kilogrammes nets par deux cent cinquante sacs, payement comptant sans escompte.

Art. 14. — L'indemnité sera portée à 10 francs par 50 kilogrammes, tout en maintenant la remise de la livraison sur le mois suivant, pour toute vente dont on n'aura pas déclaré le transfert dans le délai stipulé à l'article précédent, et qui n'aura pas été mise en règle dans le courant du mois sans qu'il soit besoin de mise en demeure de la part de l'acheteur.

ART. 15. — La faculté ci-dessus réservée au vendeur de retarder sa livraison (art. 13 et 14) ne pourra, en aucun cas, être exercée au delà de trois fois successivement, pour un même contrat ; le vendeur hors caisse qui voudra en profiter devra, aussitôt après sa déclaration, faire enregistrer l'affaire par la caisse de liquidation.

ART. 16. — En cas d'incendie ou d'autre sinistre détruisant, en poids, un quart au moins des cafés de provenances pouvant alimenter le terme dans les docks-entrepôts du Havre, les vendeurs auront la faculté de reporter sans indemnité pour l'acheteur, leurs livraisons jusqu'à trois mois pour le mois courant, deux mois pour le mois suivant et un mois pour le deuxième mois suivant.

ART. 17. — Toutes difficultés qui pourraient résulter de l'interprétation du présent règlement seront soumises à la Chambre syndicale qui désignera trois de ses membres pour juger sans appel.

Règlement du marché des cafés Haïti non triés.

Règlement voté par l'Assemblée générale du Syndicat des Cafés
(19 juin 1895 et 28 mars 1898).

ARTICLE PREMIER. — Les affaires à terme s'accompliront dans le courant du mois stipulé, au gré du vendeur, au moyen de filières d'environ cinquante sacs, mais dont le poids net ne pourra être inférieur à 3 400 kilogrammes, ni supérieur à 3 650 kilogrammes, en état d'origine, importés en France directement ou vià New-York. Chaque filière devra mentionner le nombre de sacs par marques, le nom des navires et les numéros de déclaration des cafés présentés en livraison.

ART. 2. — La livraison devra être faite soit sur le quai, soit dans es magasins des docks, soit dans l'un et l'autre endroits ; le pesage devra être fait sans interruption.

Art. 3. — La filière devra être mise en circulation par celui qui l'aura créée, au moins quarante-huit heures et au plus cinq jours avant le moment indiqué pour la livraison, les jours fériés et demi-fériés exclus, les samedis ordinaires ne sont pas considérés comme jours demi-fériés. Ladite livraison devra être terminée au plus tard le dernier jour ouvrable du mois, sauf les cas de force majeure. Les remplacements par suite de rejet devront être effectués au plus tard dans les quarante-huit heures qui suivront l'arbitrage, particulièrement si les remplacements sont faits après l'expiration du mois vendu, ils devront être effectués avec du café qui aurait été prêt à être livré sur le susdit mois. En tout cas, le livreur qui aura remplacé tout ou partie de sa filière remboursera les frais supplémentaires en résultant pour le receveur.

Nul ne sera forcé d'accepter, après 4 heures, une filière indiquant une livraison pour le lendemain matin, ni après 10 heures, une filière indiquant une livraison pour l'après-midi du même jour. Celui qui, par suite, restera en possession d'une filière, sera tenu d'en prendre livraison, à moins qu'il n'ait obtenu du premier livreur un délai permettant à cette filière de continuer sa marche ; dans ce dernier cas, il devra le paiement de l'intérêt à 6 p. 100 l'an pour le délai accordé, et règlera directement cette différence avec le livreur.

L'endossement d'une filière devra indiquer l'heure de sa remise aux mains de l'acheteur.

Le détenteur d'une filière qui l'aura retenue au delà du temps moral nécessaire à son endossement, pourra être rendu responsable des conséquences du retard qu'il aura occasionné.

Art. 4. — Sur la filière, le livreur indiquera la somme exacte qui devra lui être versée par le receveur avant l'enlèvement de la marchandise et contre la remise des transferts de douane et de dock en règle.

Cette somme sera basée sur le cours du jour de l'émission de la filière, certifié par deux courtiers.

Pour les filières accompagnées d'un certificat d'arbitrage, la réfaction pour différence de qualité, s'il y en a, sera à déduire de la somme à verser.

Ce versement devra être effectué quarante-huit heures après la livraison terminée. Il sera basé sur le poids de 3 400 kilogrammes nets, calculés au prix indiqué, moins escompte de 1 3/4 p. 100.

Le payement d'une filière non typée ne sera obligatoire qu'aussitôt après l'arbitrage définitif, mais les intérêts partiront du jour du pesage terminé et le receveur aura la faculté de déduire de la somme à verser la réfaction prononcée.

Art. 5. —· Les endosseurs de la filière établiront leurs factures respectives sur le poids de 3 400 kilogrammes nets, en portant en règlement la somme à verser par le receveur. Ces factures devront être établies le jour même du passage.

Le receveur et le livreur régleront directement entre eux et sans aucune responsabilité envers les endosseurs de la filière ni recours contre eux, les réfactions qui pourront être prononcées, ainsi que la différence, en plus ou en moins, entre le poids de 3 400 kilogrammes nets et le poids réel ; la valeur de cette différence sera fixée par la moyenne du prix courant officiel du vendredi précédant la livraison.

Art. 6. —· De même, les difficultés qui pourraient se présenter lors de la livraison, seront réglées en dehors des endosseurs de la filière, c'est-à-dire entre le livreur et le receveur directement.

Art. 7. —· La valeur d'une filière datera, pour tous les endosseurs, du jour indiqué pour la livraison, et les différences devront être réglées au plus tard le lendemain de ce jour, avec intérêts à 6 p. 100 l'an en cas de retard.

Cette même valeur courra, pour le receveur, du jour de la fin de la livraison, et le livreur lui tiendra compte de l'intérêt à 6 p. 100 l'an, sur ses versements anticipés, pour tout retard provenant de son fait.

La livraison n'est considérée comme effectuée qu'après pesage du dernier sac complétant la filière.

Art. 8. — L'échantillonnement des cafés, l'arbitrage, le contre-arbitrage, s'il y a lieu, ainsi que la remise des bulletins se feront aux conditions du règlement et par l'entremise de la Chambre d'arbitrage.

Pour subvenir aux frais de la Chambre d'arbitrage et aux honoraires de ses membres, il sera prélevé sur chaque filière de cinquante sacs, présentée à l'arbitrage, un droit de 10 francs payable moitié par le livreur et moitié par le receveur.

Le contre-arbitrage sera gratuit.

En cas de déplacement d'arbitres, nécessité par un examen sur les sacs, il sera prélevé une rémunération supplémentaire de 5 francs par filière, à la charge de celui qui aura demandé le déplacement.

Les arbitrages par anticipation auront lieu dans la forme prévue par le règlement de la Chambre d'arbitrages.

ART. 9. — Une filière déjà arbitrée et accompagnée de son bulletin d'arbitrage, sera livrée sans nouvel arbitrage, et les courtiers devront fournir à toute réquisition un duplicata de l'arbitrage primitif.

ART. 10. — Le maximum des déclarations de douane est fixé à deux par filière : lorsqu'une filière comprendra trois déclarations, il sera alloué par le livreur au receveur une bonification de 10 francs ; au delà de trois déclarations, la filière sera refusée.

En cas de remplacement par suite de rejet, la troisième déclaration ne subira qu'une pénalité de 5 francs.

ART. 11. — Le vendeur a la faculté de se libérer de son contrat par la livraison de filières composées :

Pour le contrat n° 1 de Gonaïves et/ou Saint-Marc.

Pour le contrat n° 2 de Cap et/ou Jacmel et/ou Petit-Goave.

Pour le contrat n° 3 de Cayes et/ou Jérémie et/ou Port-au-Prince et/ou Port-de-Paix et toutes autres provenances de Haïti, de qualité loyale et marchande, tout sac reconnu triage devant être exclu. Les filières de café Haïti devront être uniquement composées de cette provenance.

Les sacs avariés et/ou vice-propre offerts en livraison ne devront pas excéder 10 p. 100 de dépréciation de la valeur.

Les sacs pierreux contenant plus de 4 kilogrammes de pierres seront rejetés ; ceux contenant de 2 à 4 kilogrammes seront livrés avec réfaction, pour l'excédent au-dessus de 2 kilogrammes.

ART. 12. — Les sacs avariés et/ou vice-propre seront admis en livraison jusqu'à 40 p. 100 pour les livraisons effectuées soit en magasin, soit au débarquement, dont 10 p. 100 sans réfaction, l'excédent réfactionnable.

ART. 13. — Le vendeur a la faculté de se libérer de son contrat par la livraison de provenances haïtiennes supérieures à la classe vendue, sans aucune indemnité pour le receveur.

ART. 14. — Il sera toujours permis au vendeur de transférer sa vente, au prix du contrat, sur le mois suivant. En ce cas, il devra au plus tard le 22, avant midi, du mois sur lequel il aura vendu, en faire la déclaration écrite à son acheteur qui devra sans aucun retard la faire parvenir jusqu'au dernier acheteur de la filière. Cette déclaration devra être accompagnée de l'indemnité stipulée pour remise de livraison. L'indemnité est fixée à 5 francs par 50 kilogrammes ; elle est payable comptant sans escompte et restera acquise à l'acheteur. Le transfert d'une vente sera renouvelable chaque mois aux mêmes conditions.

ART. 15. — L'indemnité sera portée à 10 centimes par 50 kilogrammes tout en maintenant le transfert sur le mois suivant, pour toute vente dont on n'aura pas déclaré le transfert dans le délai stipulé et qui n'aura pas été mise en règle dans le courant du mois.

ART. 16. — En cas d'incendie ou d'autre sinistre détruisant, en poids, un quart au moins des cafés de provenance haïtienne, dans les docks-entrepôts du Havre, les vendeurs auront la faculté de reporter, sans indemnité pour l'acheteur, leurs livraisons jusqu'à trois mois pour le mois courant, deux mois pour le mois suivant et un mois pour le deuxième mois suivant.

ART. 17. — Toutes difficultés qui pourraient résulter de l'interprétation du présent règlement, seront soumises à la commission d'arbitrage qui désignera trois de ses membres pour juger sans appel et en dernier ressort.

Règlement du marché des cafés Haïti triés.

ARTICLE PREMIER. — Les affaires à terme s'accompliront dans le courant du mois, au gré du vendeur, au moyen de filières d'environ vingt-cinq sacs de café reconnu sain, de qualité loyale et marchande, trié de pierres, de noirs et de poussière, en entrepôt du Havre ou trié d'origine.

Le poids net de la filière ne devra pas être inférieur à 1 875 kilogrammes, ni supérieur à 2 000 kilogrammes.

Chaque filière devra mentionner les marques et le nombre de sacs par comptes, le nom des navires et les numéros des déclarations des cafés présentés en livraison, ainsi que leur provenance.

ART. 2. — La livraison devra être faite soit à la sortie du triage, soit à la section où était emmagasiné le café pour les cafés triés en entrepôt, soit dans les magasins des docks, soit sur le quai pour ceux triés d'origine, soit dans l'un et ou autres endroits : le pesage devra être fait sans interruption.

ART. 3. — La filière devra être mise en circulation par celui qui l'aura créée, au moins quarante-huit heures et au plus cinq jours avant le moment indiqué pour la livraison, les jours fériés et les après-midi des jours demi-fériés exclus, les samedis ordinaires étant considérés comme jour demi-fériés. Ladite livraison devra être terminée au plus tard le dernier jour ouvrable du mois, sauf le cas de force majeure.

Le pesage commencé le dernier jour du mois pourra être continué le ou les jours ouvrables suivants, si le café était prêt à être pesé et les commandes régulièrement déposées.

En cas de remplacement, le livreur devra rembourser au receveur les frais supplémentaires en résultant et, s'il y a rejet, il devra remplacer la filière rejetée dans les quatre jours suivant la remise du bulletin d'arbitrage.

Dans le cas où il ne serait pas en mesure de faire ce remplacement dans le délai stipulé, il devrait émettre une nouvelle filière, observant les délais prescrits, avec du café trié qui aurait été prêt à être livré sur le dit mois.

Si le receveur avait fait des remises au livreur, le remboursement de ces remises devra être opéré au plus tard dans les vingt-quatre heures de la réception du bulletin d'arbitrage avec intérêts à 6 p. 100 l'an.

Nul ne sera forcé d'accepter après 3 heures une filière indiquant une livraison pour le lendemain matin, ni après 10 heures, une filière indiquant une livraison pour l'après-midi du même jour.

Celui qui, par suite, restera en possession d'une filière, sera tenu d'en prendre livraison, à moins qu'il n'ait obtenu, du premier livreur, un délai permettant à cette filière de continuer sa marche ; dans ce dernier cas, il devra le payement de l'intérêt à 6 p. 100 l'an pour le délai accordé, ainsi que la quinzaine de magasinage qui pourrait résulter de ce retard et règlera directement ces différences avec le livreur.

Le livreur ne pourra toutefois pas refuser la remise de vingt-quatre heures d'une filière, pourvu que cette remise n'empêche pas la livraison d'avoir lieu dans le courant du mois.

L'endossement d'une filière devra indiquer l'heure de sa remise aux mains de l'acheteur.

Le détenteur d'une filière qui l'aura retenue au delà du temps moral nécessaire à son endossement, pourra être rendu responsable des conséquences du retard qu'il aura occasionné.

Art. 4. — Sur la filière, le livreur indiquera le cours du jour de son émission certifié par deux courtiers et la somme exacte qui devra lui être versée par le receveur avant l'enlèvement de la marchandise et contre la remise des transferts de douane et de dock en règle. Pour les filières accompagnées d'un bulletin d'arbitrage, la réfaction pour différence de qualité, s'il en y a, sera à déduire de la somme à verser.

Ce versement devra être effectué quarante-huit heures après la livraison terminée, il sera basé sur le poids de 2 000 kilogrammes net calculés au cours indiqué, moins escompte de 1 3/4 p. 100.

Le payement d'une filière non arbitrée ne sera obligatoire qu'aussitôt après l'arbitrage définitif, mais les intérêts partiront du jour du pesage terminé et le receveur aura la faculté de déduire de la somme à verser la réfaction prononcée.

ART. 5. — Les endosseurs de la filière établiront leurs factures respectives sur le poids de 2 000 kilogrammes nets, en portant en règlement la somme à verser par le receveur.

Le receveur et le livreur règleront directement entre eux les réfactions qui pourront être prononcées, ainsi que la différence en plus ou en moins entre le poids de 2 000 kilogrammes nets et le poids réel ; la valeur de cette différence sera fixée par le prix d'émission.

ART. 6. — De même, les difficultés qui pourraient se présenter lors de la livraison seront réglées en dehors des endosseurs de la filière, c'est-à-dire entre le livreur et le receveur directement, sans affranchir les endosseurs de la responsabilité qu'ils ont entre eux.

Dans le cas où une filière refusée ne serait pas remplacée dans les quatre jours, la filière devrait circuler en sens inverse, de façon à ce que chaque endosseur soit informé de son rejet.

ART. 7. — La valeur d'une filière datera, pour les endosseurs, du jour indiqué pour la livraison, et les excédents devront être réglés à partir de ladite date, et au plus tard dans les deux jours qui la suivront avec intérêts de retard à 6 p. 100 l'an. Cette même valeur courra, pour le receveur, du jour de la fin de la livraison, et le livreur lui tiendra compte de l'intérêt à 6 p. 100 l'an, sur ses versements anticipés, pour tout retard provenant de son fait.

La livraison n'est considérée comme effectuée qu'après pesage du dernier sac complétant la filière.

ART. 8. — L'arbitrage, le contre-arbitrage s'il y a lieu, ainsi que la remise des bulletins, seront faits par la chambre d'arbitrage aux conditions de son règlement : l'échantillonnement des cafés sera pris en détail.

Il sera perçu pour frais d'arbitrage et contre-arbitrage un droit de 5 francs payable moitié par le livreur et moitié par le receveur.

En cas de déplacement d'arbitres, nécessité par un examen sur les sacs, il sera prélevé une rémunération supplémentaire de 10 francs par filière à la charge de la partie succombante.

ART. 9. — Une filière déjà arbitrée et accompagnée de son bulletin d'arbitrage sera livrée sans nouvel arbitrage. La Chambre d'arbitrage devra fournir à toute réquisitiou un duplicata de l'arbitrage primitif.

ART. 10. — Le maximum des déclarations de douane est limité à deux par filière.

ART. 11. — Les cafés Haïti trié se traitent d'après les classements suivants :

Contrat 1. — Saint-Marc et/ou Gonaïves.

Contrat 2. — Cap et/ou Jacmel et/ou Petit-Goave et/ou Port-de-Paix et/ou Miragoane et également Port-au-Prince, de qualité au moins équivalente aux sortes précédentes du contrat 2 et/ou une des sortes du contrat 1.

Contrat 3. — Cayes et/ou Jérémie et/ou Aquin et/ou toutes autres provenances de Haïti.

Le tout en état sain.

ART. 12. — Il est accordé au vendeur une franchise de 150 grammes par sac pour pierres, fèves noires et avaries de terre ; de 3 p. 100 pour brisures sur les contrats 1 et 2 et 4 p. 100 pour brisures sur le contrat 3. Chaque sac de café trié méritant une réfaction de plus de 2 francs par 50 kilogrammes sera rejeté et remplacé sans que ce remplacement fasse excéder deux comptes de douane.

ART. 13. — Il sera toujours permis au vendeur de transférer sa vente, au prix du contrat, sur le mois suivant. En ce cas, il devra, au plus tard le 25 avant midi du mois sur lequel il aura vendu, en faire la déclaration écrite à son acheteur. Cette déclaration devra être accompagnée de l'indemnité stipulée ci-après pour retard de livraison et devra circuler sans aucun délai, jusqu'à ce qu'elle ait atteint le dernier acheteur en filière. L'indemnité est fixée à 5 francs par 50 kilogrammes, payable comptant, sans escompte, et restera définitivement acquise à l'acheteur.

ART. 14. — La faculté ci-dessus réservée au vendeur ne pourra en aucun cas être exercée plus de trois fois successivement sur un même contrat.

ART. 15. — L'indemnité sera portée à 10 francs par 50 kilogrammes, tout en maintenant la remise de la livraison sur le mois suivant, pour toute vente dont on n'aura pas déclaré le transfert dans le délai stipulé à l'article 15 et qui n'aura pas été mise en règle dans le courant du mois, sans qu'il soit besoin de mise en demeure de la part de l'acheteur.

ART. 16. — En cas d'incendie ou d'autre sinistre, détruisant en poids un quart au moins des cafés pouvant alimenter le présent contrat, dans les docks-entrepôts du Havre, les vendeurs auront le droit de reporter, sans indemnité pour l'acheteur, leurs livraisons jusqu'à trois mois pour le courant, deux mois pour le mois suivant et un mois pour le deuxième mois suivant.

ART. 17. — En cas de révolution en Haïti, guerre empêchant les importations, retrait d'autorisation de trier les cafés en entrepôt, grève générale ou partielle des trieurs ou ouvriers des docks, une commission nommée par le Syndicat du commerce des cafés jugera en dernier ressort si les circonstances sus-indiquées constituent un cas de force majeure.

ART. 18. — Toutes difficultés qui pourraient résulter de l'interprétation du présent règlement seront soumises à la commission d'arbitrage du commerce des cafés qui désignera trois de ses membres pour juger sans appel et en dernier ressort.

(*Arrêtés ministériels* des 24 juillet 1913 et 12 juillet 1926. — *Journal officiel* du 2 août 1913 et des 12 et 13 juillet 1926.)

Marchés de cafés Malabar, Mysore, Bally, Java, Palembang et autres sortes similaires livrables au débarquement.

Règlement adopté par l'Assemblée générale du Syndicat des Cafés, le 22 mai 1900.

ARTICLE PREMIER. — Les applications se feront par lots de 5 tonnes, les marchés s'accompliront par l'émission d'unités d'importation (filières) de 5 000 kilogrammes nets environ.

ART. 2. — Les appels en livraison devront avoir lieu au moins vingt-quatre heures avant le moment de la livraison.

L'endossement d'une filière devra indiquer l'heure de sa remise aux mains de l'acheteur.

Le détenteur d'une filière qui l'aura retenue au delà du temps moral nécessaire à son endossement, pourra être rendu responsable des conséquences du retard qu'il aura occasionné. La filière ne pourra circuler que de 9 heures du matin à 6 heures du soir.

ART. 3. — Sur la filière, le livreur indiquera la somme exacte qui devra lui être versée par le receveur avant l'enlèvement de la marchandise et contre la remise des transferts de douane.

Cette somme sera basée sur le cours du jour de l'arrivée du navire, certifié par deux courtiers.

Ce versement devra être effectué au plus tard quarante-huit heures après la livraison terminée. Il sera basé sur le poids de 5 000 kilogrammes net, calculé au prix indiqué, moins escompte 1 3/4 p. 100.

ART. 4. — Les endosseurs de la filière établiront leurs factures respectives sur le poids de 5 000 kilogrammes net, en portant en règlement la somme à verser par le receveur. Ces factures devront être établies le jour même du passage de la filière entre leurs mains.

Le receveur et le livreur régleront directement entre eux, et sans aucune responsabilité· envers les endosseurs de la filière ni recours contre eux, les réfactions qui pourront être prononcées, ainsi que la différence, en plus ou en moins, entre le poids de 5 000 kilogrammes net et le poids réel ; la valeur de cette différence sera fixée par le prix d'émission de la filière.

De même, les difficultés qui pourront se présenter lors de la livraison seront réglées en dehors des endosseurs de la filière, c'est-à-dire entre le livreur et le receveur directement.

ART. 5. — La valeur d'une filière datera pour tous les endosseurs du jour indiqué pour la livraison et les différences devront être réglées au plus tard le lendemain de ce jour, avec intérêts de 6 p. 100

l'an en cas de retard ; cette même valeur courra pour le receveur du jour de la livraison terminée.

Dans le cas où les lots appliqués n'arriveraient pas au complet par le navire désigné (ceci s'applique surtout aux cafés venant par transbordement), le livreur compléterait sa livraison à l'arrivée du solde, directement au receveur de la filière et sans que les endosseurs de celle-ci aient à intervenir. La livraison devra être complétée dans un délai d'un mois.

Dans ce cas, le livreur devra rembourser la différence entre le poids livré et le poids de 5 000 kilogrammes annoncé ; les valeurs courront de chaque livraison partielle terminée.

Art. 6. — L'arbitrage aura lieu suivant les usages en vigueur.

Le receveur doit faire savoir à son livreur, par mémorandum, dans les huit jours de la livraison terminée, s'il demande l'arbitrage et désigner son courtier ; il doit demander accusé de réception de cette demande d'arbitrage.

Les frais d'arbitrage sont supportés par la partie succombante.

Art. 7. — Toutes difficultés qui pourraient résulter de l'interprétation du présent règlement, seront soumises à la commission d'arbitrage du Syndicat du commerce des cafés qui désignera trois de ses membres pour juger sans appel et en dernier ressort.

BRÉSIL

Ainsi qu'on l'a vu plus haut, le Brésil est notre principal fournisseur de café. Sa production pour la campagne 1925-1926 a atteint 14 114 000 sacs, c'est-à-dire 70 p. 100 environ de la production mondiale (21 166 000 sacs). L'Etat de Sao-Paolo est de loin le plus fort producteur et pour la campagne précitée, les recettes en sacs de 60 kilogrammes s'établissaient comme suit : Santos, 9 082 000 ; Rio, 3 939 000 ; Bahia et Victoria, 1 093 000.

Les divers cafés produits dans l'Etat de Sao-Palo et fournis par le « beneficiamento » ou préparation commerciale (1) appartien-

____

(1) A. LALIÈRE, *Le café dans l'Etat de Saint-Paul (Brésil)*. Challamel, éditeur.

nent à deux types bien distincts qui sont : les cafés à *grain plat* ou *chato* et les cafés à *grain arrondi*, c'est-à-dire les *caracoli* encore appelés *redundo* ou *moka*. Ces deux types sont, d'après le volume de leurs fèves, divisés chacun en trois catégories : gros grains, moyens et petits grains.

Le café à grain plat est de beaucoup le plus abondant, puisqu'il provient d'une végétation normale.

Au point de vue commercial, ces cafés sont classés en huit catégories : 1, *Fine* ; 2, *Extra-prime* ; 3, *Prime* ; 4, *Superior* ; 5, *Good* ; 6, *Regular* ; 7, *Ordinary* et 8, *Very Ordinary* ou *triage*. Cette classification adoptée par les maisons d'exportation de Santos est également celle en usage sur le marché du Havre. Au contraire, à New-York, les différentes sortes de cafés, provenant principalement de Rio, sont numérotées de 1 à 9, le chiffre 1 désignant le type le meilleur, le chiffre 9 le moins bon.

Dès que sa préparation est terminée (soit par la méthode sèche, soit par la méthode humide), le café est trié par lots homogènes, puis mis dans des sacs neufs tarés de manière à ce que chaque balle renferme exactement 60 kilogrammes. Ce travail est généralement effectué par un intermédiaire dit « commissario », entre le « fazendeiro » et l'acheteur. C'est le « commissario » qui se charge alors de diriger les sacs de café sur les magasins régulateurs dont il est question plus loin. Pour la vente sur les marchés européens ou nord-américains, les maisons brésiliennes d'exportation ont recours à des représentants qui offrent souvent la marchandise sur échantillons-types constitués par leurs maisons, ou encore, pour ce qui concerne la France, sur des types officiels adoptés par la Chambre syndicale des Courtiers assermentés du Havre.

Une certaine tolérance de défauts est admise lors des livraisons. C'est ainsi qu'au Havre, on accepte qu'un échantillon de 300 grammes de café « Santos Good » contienne : 4 grammes de fèves en parches ; 8 grammes un quart de fèves sèches ; 7 grammes de fèves noires ; 17 grammes de fèves cassées. Cette limite de tolérance diminue lorsqu'il s'agit de types de cafés supérieurs à la qualité « Good » ; elle s'accroît, au contraire, pour les types inférieurs.

Quand cette limite est dépassée dans les cafés livrés, une expertise faite par des courtiers arbitres peut obliger le vendeur à
payer des réfactions à titre d'indemnité.

Les achats sont faits par les négociants du Havre soit f. o. b.
(franco à bord) ; soit c. f. (coût et fret) ; soit encore c. a. f. ou c. i. f.
(coût, assurance et fret).

Dans le premier cas, le vendeur prend à sa charge tous les frais
et risques jusqu'à ce que le café soit à bord du bateau transpor-
teur ; dans le second cas, les acheteurs sont responsables pour les
risques du voyage et doivent signer l'assurance maritime ; enfin,
dans le troisième cas, les vendeurs doivent livrer le café dans le
port de débarquement.

La défense du café au Brésil. — L'Institut Pauliste de défense permanente du café a pour but immédiat d'intervenir sur
le marché du café, afin d'en défendre le prix (1).

Cet institut, étant légalement reconnu personnalité juridique,
peut contracter des emprunts, afin de pouvoir soutenir la défense
de prix suffisamment compensateurs de l'effort des planteurs,
tout en tenant compte des besoins de la consommation.

Il garantit les avances possibles à l'agriculture et le réescompte
par l'intermédiaire des banques. Toute aide ainsi faite aux agri-
culteurs repose sur des garanties pouvant être facilement et rapidement liquidées, telles que : emprunts sur warrants et connaissements d'embarquement de café.

Un accord avec d'autres Etats producteurs de café : Parana,
Rio de Janeiro et Minas-Geraes notamment, est poursuivi relativement au recouvrement de la taxe en or et à la régularisation des
embarquements de café.

En somme, le mécanisme de la « valorisation » comporte deux
aspects, l'un matériel, l'autre financier. Le premier problème est
de loger les stocks retenus dans l'attente de la hausse des prix ;
le second, de financer l'opération, c'est-à-dire de réunir les fonds

---

(1) *Bulletin de la Chambre de Commerce française de Rio-de-Janeiro.*

suffisants pour payer leur récolte aux producteurs, aux prix espérés qui seront atteints plus tard, en cas de succès.

Magasins régulateurs. — En 1906, quand la récolte du café dans l'Etat de Sao-Paolo, — la plus forte enregistrée jusqu'alors — vint à dépasser 17 millions de sacs, dont 15 750 000 entrèrent à Santos, les transports internes du produit sur ce port y créèrent des disponibilités excessives. Il en résulta une grande perturbation du marché et une dépression des prix au-dessous du minimum indispensable pour couvrir les frais des exploitants qui en vinrent à mettre l'Etat dans une situation critique, réclamant la défense immédiate de la principale richesse du Brésil.

Comme moyen préliminaire de défense, le Gouvernement limita les entrées de café à Santos à 50 000 sacs par jour utile. Le marché réagit promptement à cette mesure, témoignant ainsi, non seulement cette année-là, mais encore les années suivantes, de son efficacité pour la protection du café, à condition de l'adapter à chaque instant, aux exigences de la production et de la consommation. Cette condition impliquait un appareillage de transport du café plus complet que les moyens usuels qui, par l'effet des restrictions dans les entrées à Santos, arrêtaient la marchandise dans les centres de production, sans permettre aux exploitants de se procurer les capitaux dont ils avaient besoin et les obligeant à courir le risque de la mise en magasin de leurs propres récoltes.

La création s'imposait donc d'organes rattachés en trafic des voies ferrées, lesquels, en permettant la sortie du produit des stations d'origine suivant les capacités maxima des transports, garantiraient, en même temps, la régularité des entrées à Santos, conformément aux indications du marché et de la production. De cette façon, l'émission des connaissements d'embarquement faciliterait aux exploitants l'obtention de capitaux sur la marchandise en dépôt dans les magasins, en même temps que le Gouvernement la garantirait des risques par le moyen de l'assurance.

Ces organes sont les magasins régulateurs dont la fonction se complète encore par la faculté d'une utilisation meilleure de la part des Compagnies de Chemins de fer, du matériel roulant et du matériel de traction.

Les magasins sont installés aux points de jonction des voies ferrées de l'Etat de Sao-Paolo. Leur construction a été étudiée sur la base de la moyenne des récoltes annuelles. Il resterait, en cas de récolte exceptionnelle, le recours complémentaire aux magasins des Compagnies de Chemins de fer.

	Capacité en sacs de 60 kilos	Capacité de régulation
Cruzeiro	191 000	480 000
Sao Paolo-Sorocabana	450 000	1 125 000
Campo limpo	550 000	1 375 000
Campinas	460 000	1 150 000
Ityrapina	690 000	1 700 000
Sao Carlos	460 000	1 500 000
Araraquara	345 000	860 000
Rincao	690 000	1 700 000
Ribeirao Preto	425 000	1 100 000
Casa Branca	360 000	900 000

Au total, les magasins destinés à régler les expéditions de café peuvent retenir 4 701 000 sacs.

Construits par le Gouvernement fédéral, ces magasins sont administrés par les lignes de chemins de fer qui les desservent. Le transport du café est libre, du lieu de production au magasin. A partir de ce point, il est soumis à la procédure régulatrice arrêtée par le Gouvernement. Les Chemins de fer reçoivent des autorisations d'embarquement réparties suivant les quantités de café reçues. Le total de ces autorisations reste, au plus, égal au chiffre limite fixé pour l'entrée quotidienne au port d'expédition. Pour l'été 1924, on a évalué à 30 000 sacs pour Santos et 12 000 pour Rio, le nombre des sacs déchargés pour chaque jour de travail.

Le contrôle reçoit, chaque jour, des chemins de fer le détail du mouvement des cafés en magasins : stocks de la veille, arrivées et expéditions du jour, stocks du jour.

Le Gouvernement n'a, à sa charge, que les assurances des bâtiments et de la marchandise entreposée.

Loi n° 2 144 du 26 octobre 1926, réorganisant l'institut du café de l'Etat de Sao-Paolo

Article premier. — L'Institut du café de l'Etat de Sao-Paolo créé par la loi n° 2 004 du 19 décembre 1924, modifiée par les lois n°ˢ 2 110 A du 20 décembre 1925, et 2 122 du 30 décembre 1925, sera administré par le Secrétaire des Finances et du Trésor ou, à défaut, par le Secrétaire de l'Agriculture, du Commerce et des Travaux publics.

Art. 2. — Un Conseil consultatif de l'Institut du Café est institué, avec attributions fiscales, sous la présidence du Secrétaire des Finances. Il sera composé du Secrétaire de l'Agriculture, comme Vice-Président, et de trois membres nommés par le Président de l'Etat et choisis parmi les personnalités de compétence notoire en matières agricoles, commerciales et bancaires.

Paragraphe unique. — Les attributions du Conseil seront définies par décret.

Art. 3. — L'Institut du Café aura son siège à Sao-Paolo ; il pourra avoir des succursales partout où il sera nécessaire, le Secrétaire des Finances engageant le personnel technique pour les services intérieurs et extérieurs des divers marchés.

Art. 4. — Reste en vigueur la perception de la taxe de circulation pouvant s'élever jusqu'à un mil-reis or (1), ou son équivalent en monnaie-papier, pour tout sac de café transitant par le territoire de l'Etat. Cette taxe servira de garantie aux emprunts contractés par l'Institut du Café, à la date du 2 janvier 1926, avec l'Etat de Sao-Paolo et les banques étrangères, d'accord avec les autorisations législatives antérieures.

Art. 5. — La défense du café qui sera faite par l'Institut pour le compte exclusif des Finances et du Trésor de l'Etat, consistera en :

a) Régularisation des entrées du café dans le port de Santos,

---

(1) Un mil-reis or =.2 francs 832 au pair.

par la limitation des transports, d'accord avec les règlements approuvés par les Compagnies de Chemins de fer de l'Etat ;

b) Signature d'un accord avec les autres Etats caféiers, afin qu'ils votent également une taxe de circulation pouvant aller jusqu'à un mil-reis or et qu'ils s'occupent de la défense du café dans les conditions prescrites par la présente loi.

c) Prêts directs ou par l'intermédiaire des banques aux producteurs de café, suivant des conditions de quantités, de délais et de garanties en cafés ;

d) Achat du café sur le marché de Santos et sur tout autre marché intérieur en vue d'un retrait provisoire toutes les fois que cette mesure sera jugée nécessaire pour régulariser l'offre ;

e) Service d'informations, de statistiques, de propagande et de répression des fraudes sur le café.

ART. 6. — Le produit des emprunts réalisés constitue le fonds de Défense du Café ; le Gouvernement pourra en convertir les sommes qu'il jugera utiles en titres bien cotés.

ART. 7. — Les produits de la taxe de circulation, de l'emprunt réalisé avec la garantie de cette taxe et des obligations de l'Etat, aussi bien comme intérêts ou bénéfices nets résultant des opérations que vise la présente loi, seront déposés dans un établissement de crédit ayant la confiance du Gouvernement.

ART. 8. — Le fonds de défense du café sera intangible et ne pourra être incorporé aux recettes ordinaires de l'Etat ; dans aucune hypothèse, il ne pourra recevoir d'autre affectation que celles prévues par la présente loi.

ART. 9. — Au cas où l'action de défense organisée par cette loi viendrait à cesser, le fonds de défense existant alors sera réparti entre ceux qui auront été assujettis à la taxe et proportionnellement à leurs versements.

ART. 10. — La perception d'une taxe allant jusqu'à un mil-reis or prescrite par cette loi, prendra fin avec l'extinction du service de l'amortissement et des intérêts de l'emprunt qu'elle garantit.

. . . .

ART. 13. — Est abrogée la loi n° 2 004 du 19 décembre 1924, sauf ses articles 13 et 14 (1).

. . . .

ART. 17. — La présente loi entrera en vigueur dès sa publication.

Palais du Gouvernement de l'Etat de Sao-Paolo, le 26 octobre 1926.

CARLOS DE CAMPOS.
MARIO TAVARES.

(Journal officiel de l'Etat de Sao-Paolo du 6 novembre 1926).

INDES NÉERLANDAISES

La culture du café est une des plus anciennes parmi celles qui sont pratiquées dans les Indes néerlandaises. Les premiers plants, provenant de l'Arabie, furent plantés aux environs de Batavia et leurs graines, distribuées aux habitants, donnèrent lieu aux premières cultures indigènes dans la partie occidentale de Java. En 1711, un petit lot de café fut exporté sur la Hollande et, en 1742, les ventes s'élevaient déjà dans ce pays à plus d'un million de livres de café.

Jusque vers 1880, la variété *Arabica* qui fournissait le café dit « de Java » était à peu près la seule qui fût cultivée en grand ; mais l'*Hemileia* et le scolyte du grain (*Stephanoderes Hampei*) ruinèrent presque complètement les plantations. Le café Libéria, introduit en 1876, fut bientôt attaqué par la même « maladie de la feuille. » Heureusement que le café Robusta, introduit du Congo

____

(1) Loi n° 2004 du 19 décembre 1924 (articles maintenus).

ART. 13. — Est approuvé l'acte par lequel le Gouvernement de l'Etat a acquis et incorporé à son patrimoine les magasins régulateurs de café, aux termes de l'article 3 de la loi fédérale précitée, n° 4868 du 7 décembre 1924.

ART. 14. — Pour l'exécution des engagements résultant de l'acquisition à laquelle se réfère l'article précédent, le Gouvernement de l'Etat est autorisé à procéder aux opérations de crédit nécessaires.

en 1900, se montra beaucoup plus résistant à la maladie, en même temps que grand producteur. C'est la variété aujourd'hui la plus cultivée dans les Indes néerlandaises ; alors qu'elle ne participait encore que pour 20 p. 100 dans les exportations de 1910, elle a atteint, en 1925, les 86 p. 100 des exportations totales de café.

La plus grande partie du café Robusta provient des plantations européennes ; cependant, dans quelques parties des Possessions extérieures, à Palembang et sur la côte Ouest de Sumatra, notamment, le Robusta est entré largement dans les cultures indigènes.

D'après les renseignements fournis par le Bureau Central de Statistique de Weltevreden, la superficie des 362 plantations européennes dont on avait reçu les chiffres relatifs à 1925, mesurait 116 530 hectares, dont 95.357 hectares à Java et 21 173 hectares dans les Possessions extérieures. La superficie en production était de 95 286 hectares.

En 1925, la production a été de 97 841 tonnes, dont 52 931 tonnes fournies par les grandes plantations javanaises. Sur le complément de 44 910 tonnes provenant des Possessions extérieures, 36 688 tonnes représentaient la production indigène et 8 222 tonnes seulement celle des plantations européennes.

Les exportations de café Robusta faites par les Indes néerlandaises, en 1925, ont été de 61 203 tonnes, dont 16 381 pour la France qui est le plus grand importateur après la Hollande. Les autres variétés de café exportées pendant la même année, n'ont donné qu'un total de 8 096 tonnes dont 139 tonnes pour la France.

HAÏTI

Haïti a, comme production principale, celle du café ; les exportations de ce produit se sont élevées en 1923-1924 à 10 400 000 dollars. Les 70 p. 100 de la récolte sont produits dans le Sud du pays, 10 p. 100 dans le Centre et 20 p. 100 dans le Nord. La presque totalité de la culture du café est entre les mains de petits cultivateurs,

dont les plantations ne dépassent pas 10 acres (4 hectares environ).

On estime que 80 p. 100 environ des exportations de café haï-
tien sont dirigées sur la France ; les Etats-Unis achètent moins
de 2 p. 100 de la récolte. Presque tous les cafés haïtiens sont connus sous le nom de « Saint-Marc » que les expéditeurs impriment
sur leurs sacs.

Le café d'Haïti est classé en quatre catégories principales :
« Tel Quel », « Epierré », « Trié » et « Triage ».

Le café « Tel Quel » se trouve dans l'état même où le cultivateur le récolte ; il se compose de grains parfaits et imparfaits mélangés à des impuretés et à des pierres. Le café « Epierré » a été
débarrassé des matières étrangères ainsi que d'une partie des grains
mal conformés. Le café « Trié » a été débarrassé à la main, non
seulement des matières étrangères, mais encore des fèves noires et
de celles dont la forme laisse à désirer. Le café « Triage » se compose des grains imparfaits que l'on a séparés du café « Tel Quel »,
pour en faire du « Trié ».

Chacune des trois premières catégories comprend trois qualités
différentes : n° 1, la meilleure, composée de grains durs et verts,
de grosseur variable ; n° 2, grains moins durs, gris-verdâtres ;
n° 3, grains tendres de couleur grise.

A côté de ces catégories courantes, il faut citer le café « Gragé »,
qui n'est produit qu'en quantités limitées sur les terrains élevés.
Le « Saint-Marc gragé » est le meilleur des cafés haïtiens ; ses
grains sont durs et d'un beau vert ; il est préparé par la méthode
humide.

Notons, en passant, que ce terme « gragé » est également appliqué aux cafés préparés, par la même méthode, au Mexique, au
Nicaragua, au Guatemala, au San-Salvador, au Costa-Rica, à la
Jamaïque, en Colombie et au Vénézuéla. Les cafés « gragés » sont
mieux cotés que les « non gragés ». Au Brésil, le terme « lavé » a
la même signification ; dans l'Inde, les cafés gragés sont dits cafés
« plantation ».

L'Inde et autres colonies anglaises

Les principales colonies anglaises productrices de café sont : l'Inde, la Jamaïque, le Kenya, l'Uganda, le Territoire du Tanganyika ; l'Afrique orientale anglaise fournit les cafés de Kilimanjaro, Arusha, Usumbara et Bukoba.

La culture du caféier dans l'Inde remonte à 1830, époque où M. Cannon entreprit cette culture sur le domaine de Mysore, son exemple étant rapidement suivi. Les principaux districts caféiers sont : Mysore, Coorg, Nilgiris, Wynaad et Shevaroy. En 1924, il y avait dans l'Inde, 70 757 acres cultivées en caféiers, tant par les Européens· que par les indigènes ; Mysore venait en tête avec 25 383 acres, puis venait Coorg avec 16 791 acres. Dans les divers districts, mais principalement dans les deux derniers nommés, on rencontre des petites cultures de 20 à 30 acres chacune, appartenant à des indigènes et dont l'ensemble ne forme pas moins de 50 000 acres.

La production varie suivant les années ; les quantités exportées en 1924 et 1925 par les ports réguliers furent respectivement de 218 200 cwt et 288 220 cwt. (1)

Pays de destination	1924	1925
	cwt	cwt
Angleterre	43 719	115 182
Europe	133 511	115 889
Asie (Golfe persique notamment) ..	20 719	30 758
Australie	8 625	7 985

Les principaux types de cafés de l'Inde cotés sur le marché du Havre sont connus sous les noms de : Malabar, Mysore natif, Salem plantation, Singapore et Bali.

Autrefois, Ceylan produisait une grande quantité de café de bonne qualité et ses exportations dépassaient en 1870, le chiffre de 1 000 000 cwt. Mais, à partir de cette date, *Hemileia vastatrix* attaqua les plantations avec une telle virulence, qu'au bout de

____

(1) Un cwt (hundredweight) = 50 kgr. 796.

quelques années, la production du café ne fut plus pour Ceylan qu'un souvenir du passé.

MADAGASCAR ET DÉPENDANCES

Le café est principalement cultivé sur la côte Est, à Nosy-Bé, et aux Iles Comores.

Partie de 11 tonnes en 1903, l'exportation s'est élevée à 1 573 tonnes en 1923, 2 962 tonnes en 1924 et 3 359 tonnes en 1925. La France est le principal pays de destination; elle a reçu (commerce spécial) de Madagascar 2 350 tonnes de café en 1925 et 1 920 tonnes en 1926.

Au début, on a cultivé le café de Libéria, mais depuis 1908, on plante surtout *C. robusta*, *C. canephora* et les variétés voisines, à Madagascar.

LES VARIATIONS DU PRIX DU CAFÉ

D'après la revue *Le Café* du Havre, les cours appliqués aux cafés « Santos Good Average », ont varié comme suit, depuis 1850 à 1926, par sac de 50 kilogrammes.

Années	Francs
1850 à 1860	52 »
1860 à 1870	74 »
1870 à 1880	93 »
1880 à 1890	70 »
1890 à 1900	74 »
1900 à 1910	41 50
1910 à 1920	95 »
1920 à 1925	250 »
Détails des années 1915-16	62 »
1916-17	80 »
1917-18	103 »
1918-19	125 »
1919-20	248 »
1920-21	140 »
1921-22	156 »
1922-23	215 »
1923-24	285 »
1924-25	452 »
1925-26	650 »

L'effondrement des cours moyens pendant la période 1900-1910 a été occasionné par la récolte extraordinaire faite pendant la campagne 1906-1907 dans l'Etat de Sao-Paolo (Brésil). Les prix payés aux producteurs ne rémunérant plus leurs travaux, on dut avoir recours à l'opération de la « valorisation » qui s'est prolongée par la création d'un « Institut de Défense permanente du Café ».

D'autre part, la faiblesse des cours enregistrés pendant les années de guerre 1915-1918 est due à ce que furent exclus de l'approvisionnement normal en café, les pays suivants : Allemagne, Autriche, Belgique, Bulgarie, Grèce, Roumanie, Russie, Serbie, Turquie, ainsi que les territoires occupés du Nord de la France, d'habitude grands consommateurs de café. De plus, les difficultés de transports maritimes réduisirent considérablement les importations en Hollande et dans les pays scandinaves. Quant aux prix élevés payés dans les années suivantes, ils sont dus, d'une part à la dépréciation de notre monnaie et d'autre part, aux mesures de « valorisation » prises par les Gouvernements des Etats brésiliens et, peut-être aussi, au développement de la consommation.

Voici quels étaient au 24 décembre 1926, les cours des cafés importés sur le marché du Havre :

		Francs	
Santos Good average (terme) 24 décembre .		484	»
— — — janvier 1927 .		479	»
Santos lavés .... (terme)	» »	»	»
Santos good	—	485 » à 505	»
Santos supérieurs	—	515 » à 560	»
Santos inférieurs et triage........	—	410 » à 480	»
Rio lavés.................	—	» » »	»
Rio good.................	—	475 » à 490	»
Rio supérieur.................	—	500 » à 510	»
Haïti épierrés n° 3	—	478 » à 483	»
Haïti gragés.................	—	690 » à 825	»
Centre Amérique et Mexique (non gragés).................	—	565 » à 675	»
Porto-Rico.................	—	885 » à 950	»
Malabar-natif.................	—	800 » à 820	»
Mysore.................	—	815 » à 825	»
Moka (natif).................	—	785 » à 800	»
Moka (extra).................	—	810 » à 820	»
Java (Robusta).................	—	460 » à 480	»
Guadeloupe bonifieur.................	—	980 » à 990	»
— habitant.................	—	950 » à 970	»
Liberia Madagascar.................	—	520 » à 550	»

TABLE DES MATIÈRES

ORLÉANS. -- IMP. H. TESSIER. — 9-27